《经管风采》

谨以此书向北京农学院60华诞献礼

U0312910

经管

风采

JINGGUAN FENGCAI

胡宝贵 李 华 主编

中国农业出版社

主　　编：胡宝贵　李　华

副 主 编：赵金芳　刘　芳　赵连静　骆金娜　王艳霞

参编人员（按姓名笔画排序）：

王　琛　王兆洋　邓　蓉　田　明　白　华

乔　多　任　娇　刘瑞涵　刘静琳　李瑞芬

杨　培　杨　毅　何　伟　何忠伟　张志强

陈　娆　武广平　闻海洋　桂　琳　夏　龙

唐　衡　黄漫红　曹　暕　崔　倩

前 言
FOREWORD

2016 年，北京农学院迎来了她的第一个甲子华诞。值此全体北农人的共同节日，我们谨代表经济管理学院党政领导及全体师生员工祝我们可爱的母校生日快乐！并向所有关心、支持、帮助过学校建设和发展的各级领导、各位同仁、历届校友、各界朋友致以衷心的感谢和诚挚的敬意！

自北京农学院建校以来，六十年波澜壮阔沧海桑田，一甲子乘风破浪砥砺奋进。北京农学院经济管理学院也从一株幼苗长成了参天大树。从1963年成立农业经济教研室到1964年开始招收农业经济中专生，从1968年停课到1978年恢复建院，再到1980年开始招收本科生，经济管理学院在办学历程中逐步形成了"追求真理、严谨治学、注重实践"的优良传统。它已成为经济管理学院科学发展的动力。

目前，经济管理学院教学体系基本健全。设有1个农林经济管理一级学科硕士点，下设农业经济管理硕士点、林业经济管理硕士点和1个农村与区域发展专业学位硕士点；有农林经济管理、工商管理、会计学、国际经济与贸易、市场营销、投资学6个本科专业。2008年，农业经济管理学科被遴选为北京市重点建设学科，农林经济管理专业被评为国家级特色专业。"十二五"期间，经济管理学院已建成完善的课程教学体系和"六位一体"的实践教学体系。其中，农业企业经营管理学被评为北京市精品课程、现代农业企业发展漫谈（2014）被教育部授予国家精品视频公共课、《农村统计与调查》被评为北京市精品教材。教师主编教材40多部，其中，省部级规划教材10余部。目前，在校本科生1 241人，在校研究生239人。现已建立起多层次、文理工渗透、学科专业门类比较齐全的办学体系，具有丰富的办学经验和较为完善的教学实验条件。

师资队伍不断优化。经济管理学院现有教职工63人，其中教授14人，副教授24人，高级实验师1人，硕士生导师41人，具有博士学位的教师占66%。2009年，农林经济管理教学团队被评为北京市优秀教学团队，教师队伍中有享受国务院特殊津贴专家1人，教育部"新世纪优秀人才"1人，全国科普工作先进工作者1人，北京市郊区经济发展服务"十佳"科技工作者2人，首都精神文明奖1人，北京市创新团队产业经济岗位专家5人，北京市教学名师3人，北京市优秀教师1人，北京市青年骨干教师9人。教师中拥有硕士及硕士以上学位的占教师总数的95%，还常年聘请29名国内外知名学者和企业家为兼职教授。

科研能力逐步提高。经过60年的建设，经济管理学院已构建了北京新农村建设研究基地、农林经济管理硕士点、都市农业研究所、农村经济研究所、中国农业推广协会园艺产业分会、北京市农村专业技术协会及北京农学院品牌数据处理中心7个科研和社会服务平台。经济管理学院近5年主持400多项课题，其中省部级课题90多项。其中，国家自然科学基金5项，国家社会科学基金4项，教育部重点项目1项，教育部人文社会科学基金项目3项，农业部课题5项，北京市哲学社会科学规划项目17项，北京市自然科学基金5项。科研成果采用共20多项，近5年科研经费累计3 551万元；荣获国家级及省部级科研成果奖8项，出版专著50多部，发表论文800多篇。

这些成绩的取得离不开全院师生员工的辛勤耕耘和不懈努力，离不开全体离退休老同志、海内外校友的关心支持和鼎力相助，也离不开各级领导、专家学者、社会各界人士的热情关怀和无私指导。在此，我们代表经济管理学院党总支和行政向大家表示崇高的敬意和衷心的感谢！

风华六十忆峥嵘，继往开来谱新篇。全体北农人将以60周年校庆为契机，和衷共济，同心同德，在继承中创新，在开拓中奋进，为早日将北京农学院建设成为高水平、有特色、有品位的综合性教学研究型大学而努力奋斗！

用文字和图片记录下经济管理学院优秀人物的点滴事迹，用书卷镌刻经济管理学院奉献之风、奋斗之风、学习之风、拼搏之风，汇编成《经管风采》，以此献礼母校风雨60华诞。望以前辈之优秀，示以后世紧奋斗。努力学习，提升自己能力的同时，为经济管理学院添砖加瓦、共创美好的明天。

在本书出版过程中，得到了经济管理学院领导、老师、同学们以及相关部门的大力支持，并得到了优秀校友们的鼎力帮助。在此，对所有关心、支持和帮助本书出版的朋友表示感谢！

北京农学院经济管理学院

2016年9月

目 录
CONTENTS

概况篇
GAIKUANG PIAN

经济管理学院领导致辞

一个甲子你释去青涩走向成熟，伴我走过33载，给我播下知识的种子，浇灌我成长。愿北京农学院校友与师生携手，再奏华章，共铸辉煌！

——经济管理学院党总支书记

胡宝贵

翻天覆地花甲时，硕果累累满京都。
弹指一过三十六，走遍京郊乡与镇。
感谢母校师和生，伴我成长到今朝。
衷心祝愿农学院，九十华诞再相聚。

——经济管理学院院长

李华

经济管理学院现任党政领导

党总支书记：
胡宝贵

院长：
李 华

主管科研副院长：
刘 芳

主管教学副院长：
赵连静

主管学生工作副院长
兼党总支副书记：
赵金芳

经济管理学院历届领导班子

经济管理学院历届领导班子表

时　间	领导班子
1963—1964年	教研室主任：杜兴华
1965—1969年	系主任兼党支部书记：王秀峰
1980—1987年	党总支书记：王明贤（任至1984年10月） 　　　　　　宋启沧（1984年10月起任职） 系主任：詹远一 系副主任：赵淑敏（1981年至1985年初） 　　　　　　杜兴华（1985年初至1987年7月） 　　　　　　胡星池（1985年末起任职） 党总支副书记：杜兴华（1981年10月至1983年10月） 　　　　　　　宋启沧（1983年10月至1984年10月）
1987—1993年	党总支书记：宋启沧 系主任：杜兴华 系副主任：胡星池（任至1988年11月） 　　　　　　胡锡骥（1988年12月至1989年7月） 　　　　　　王邻孟（1989年7月起任职） 党总支副书记：沈文华
1993—1994年	党总支书记：宋启沧 系主任：杜兴华 系副主任：王邻孟 　　　　　　王　伟 　　　　　　沈文华 党总支副书记：胡宝贵
1994—1996年	党总支书记：宋启沧 系主任：王　伟 系副主任：沈文华 　　　　　　江占民 党总支副书记：胡宝贵
1996—2001年	党总支书记：宋启沧 系主任：江占民 系副主任：沈文华 党总支副书记：胡宝贵

（续）

时　间	领导班子
2001—2004年	党总支书记：隋文香 系主任：沈文华 系副主任兼党总支副书记：李瑞芬
2004—2007年	党总支书记：李　华 系主任：陈跃雪 系副主任：杨为民 系副主任兼党总支副书记：刘　柳
2007—2011年	党总支书记：李　华 院长（系主任）：何忠伟 副院长（系副主任）：刘　芳 　　　　　　　　　　赵连静（2010年9月起任职） 副院长（系副主任）兼党总支副书记：刘　柳
2011年至今	党总支书记：何忠伟（任至2014年4月） 　　　　　　　胡宝贵（2014年4月起任职） 院长：李　华 副院长：刘　芳 　　　　　赵连静 副院长兼党总支副书记：赵金芳

注：自2008年12月起，由系升级为二级学院。

经济管理学院专业介绍

　　经济管理学院能取得优异的成绩离不开强大的师资力量，截至2016年9月，学院现有教职工63人、专任教师51人。

2016年经济管理学院全体教师合影

农林经济管理（本科）

农林经济管理系全体教师合影

培养目标

农林经济管理专业是国家级特色建设专业和北京市特色专业，以北京都市型农业发展、新农村建设以及服务城乡经济社会发展一体化为使命，主要培养具有系统管理科学和经济科学的理论知识以及相关的农（林）业科学基础知识，熟练掌握农（林）业经济管理的基本方法和技能，熟悉农（林）业企业经营管理的基本规律，善于深入调研，具有较强的组织协调能力和分析问题、解决问题的能力，能在政府部门、各类涉农企业、教育科研单位、农村社区和其他相关部门从事政策研究、经营管理、企业策划等方面工作，具有创新意识和创新能力、综合素质高、适应能力强的应用型和复合型专门人才。

课程设置

本专业课程主要包括经济学、管理学、会计学、统计学、财政与金融、农业经济学、农业企业经营管理学、农业政策与法规、农村公共管理、村镇规划、农业投资与评估、农村社会学等。

实践环节

本专业的实践教学环节主要包括课程实验、教学实训和实习等多个环节。公共通识教学平台实践教学环节包括英语听说强化训练、军训、思想道德修养与法律基础实践、马克思主义基本原理实践、毛泽东思想、邓小平理论和"三个代表"重要思想概论实践、社会实践等公共实践课程等；专业基础教学平台实践教学环节包括实验经济学、宏观经济学、会计学原理、统计学和农业经济学等课程的教学实习；专业特色教学平台实践教学环节包括农村公共管理、农业企业经营管理学、农产品运销学、农村统计与调查和村镇规划等课程的教学实习；还包括企业认知及经营模拟、现代服务业综合实训以及科研训练和毕业论文等综合性的实习。通过调查、策划和营销等培训，加深学生对农林经济管理知识的理解，提高学生分析问题、解决问题的能力，从而达到理论教学与实践教学密切相结合的目的。

学制

4年。

所授学位

管理学学士学位。

就业方向

学生毕业后能够为涉农企业、政府部门、农民合作组织、农村社区和其他研究部门从事农业政策研究、经营管理、企业策划等方面的管理。学院拥有农林经济管理一级学科硕士点，有利于本专业学生在本校的继续深造。

国际经济与贸易（本科）

经济贸易系全体教师合影

培养目标

本专业旨在培养系统掌握国际经济与贸易理论和实务操作技能，了解当代国际经济与贸易的发展状况和世界主要贸易大国的社会经济状况，熟悉通行的国际贸易规则和惯例，熟悉中国对外贸易的政策法规，能熟练地掌握一门外语和熟练地运用计算机，在涉外经济贸易部门、外贸企业及其他涉外组织、企事业单位从事外贸业务工作的"多技能、复合型、实用型"人才，为北京市对外贸易的发展提供强有力的人才支持。

课程设置

微观经济学、宏观经济学、国际贸易、国际金融、国际结算、国贸英语口语、商务英语写作、国际贸易实务、国际营销概论、海关管理、统计学、计量经济学、货币银行学、财政学、会计学原理等。

实践环节

本专业在经济学、会计学原理、统计学和国际结算等课程实习的基础上，还拥有独立的金融期货与专业语音室和外贸业务模拟实训室。2010年新建的"外贸企业进出口业务模拟实训平台"是全国目前90%的"中"字头和"国"字头大型外贸企业的实际外贸业务软件的教学版。该实训平台的开设将较大地增强国际经济与贸易专业学生的外贸实操能力，达到学生岗前模拟培训的目的；同时，通过加强外教口语、双语教学和专业英语训练等方式提高学生的英语实战能力。

学制

4年。

所授学位

经济学学士学位。

就业方向

学生毕业后，可在涉外经济贸易部门、外贸企业及其他涉外组织、外资企业从事外销、报关、跟单、单证、外事文秘等业务工作。

会计学（本科）

会计系全体教师合影

培养目标

本专业培养德、智、体、美全面发展，能够适应社会经济发展对人才培养规格和质量的要求，经济管理理论基础扎实、知识面宽、专业能力强、业务素质高，富有时代特征和创新精神，具备较高的综合素质和会计职业道德，熟练掌握实际操作技能的应用型、复合型专门人才。学生毕业后，能分别在各类企事业单位、政府机关、会计师事务所及有关部门从事会计管理、审计实务及财务管理或金融管理等实际工作，或从事专业学习继续深造。

课程设置

经济学、管理学、会计学原理、中级财务会计、会计实务、会计信息系统、管理会计、成本会计、银行会计、预算会计、国际企业会计、审计学、投资项目评估、经济法、统计学、税法、货币银行学、决策模拟、证券投资、电子商务等。

实践环节

本专业在会计学原理、会计电算化等专业课程实习的基础上还拥有独立的会计岗前实训平台、审计模拟实验室、企业经营决策模拟对抗室。会计岗前实训平台采用岗位体验、角色轮换、实际对抗和企业实习等实训形式，进行会计、审计综合模拟实训、财务软件实训和企业经营决策模拟对抗的实训。通过实训，达到岗前实训的目的，满足会计信息化对会计人才综合素质的需求。为学生毕业后适应会计、审计及企业管理工作打下坚实的基础。本专业已建立了稳定的校外实习基地：用友软件集团公司、中业会计师事务所、税务师事务所、企业等，为学生进行企业认知实习、课程实习、就业实习和毕业实习等提供了平台，为学生毕业后适应会计、审计及企业管理工作打下坚实的基础。学生毕业后，能够在政府机关、金融机构、事业单位、企业及会计师事务所从事财务、审计等方面的工作。

学制

4年。

所授学位

管理学学士学位。

就业方向

学生毕业后，能够在政府机关、金融机构、事业单位、企业及会计师事务所从事财务、审计等方面的工作；并具有考取研究生，继续深造的专业基础，从事会计、审计和财务管理等领域的研究工作。

市场营销（本科）

培养目标

本专业旨在培养熟悉市场、懂管理、掌握营销理论、善于组织营销策划和市场开拓的营销管理人才。要求学生熟知我国有关市场管理与营销的具体政策法规，了解国际市场营销管理的理念和规则，具有较强的中英文语言表达能力、营销宣传与策划能力、人际沟通能力和组织协调能力。毕业后能独立从事国内及国际市场营销管理等方面工作的应用型专门人才。

课程设置

经济学、管理学、市场营销学、物流管理、消费者行为学、营销调研、网络营销、服务营销以及商务英语、营销策划、国际贸易、运筹学、统计学、会计学、财务管理、管理信息系统、经济法等。

实践环节

结合消费者行为学、市场营销学等课程的实验教学环节，培养学生交流和表达等专业基础能力；结合SPSS统计软件、网络营销软件、物流管理软件和CRM等软件，安排了营销调研、网络营销、物流管理和客户关系管理等课程的实验教学环节，培养学生的专业学习与专业技术能力；基于多年应用且性能稳定的Simmarketing软件、新引进的CRM软件和物流沙盘等仿真实训教学工具，通过设置市场营销综合实训课程，并将营销相关专业课的综合实习

市场营销系全体教师合影

环节与内容整合到市场营销综合实践中，培养学生综合应用营销管理知识的专业拓展能力。通过校内外营销的综合实践、毕业论文和毕业实习等环节的训练以及社会实践活动的组织，可提高学生发现问题、分析问题和解决问题的综合能力，从而达到教学与实践相融合、"3+1"衔接顺畅、进而真正提高学生综合素质的培养目标。

学制

4年。

所授学位

管理学学士学位。

就业方向

在就业机会和发展方向相对丰富的北京市人才市场，北京市高校的市场营销专业毕业生有着相对多样的就业选择机会。在北京市人事局毕业生就业服务中心近年公布的本科毕业生就业趋势中，市场营销专业是存在需求缺口的专业之一，因而一直有着良好的就业前景。学生毕业后能够胜任在各类企事业单位乃至政府相关管理部门，从事营销管理、市场调研与开拓、组织策划、教学培训及政策研究和辅助科研等实际工作。

工商管理（本科）

培养目标

本专业根据社会经济发展对工商管理人才的需求情况，有针对性地培养具有较强社会适应能力的各类工商管理专业人才。本专业要求学生经过4年的专业学习之后，成为具备比较扎实的工商管理专业基础知识和比较广泛的工商企业管理专业知识的应用型、复合型经营管理人才。

工商管理系全体教师合影

课程设置

管理学、微观经济学、统计学、管理信息系统、生产运营管理、人力资源管理、市场营销学、财务管理、战略管理、工商行政管理、会计学、企业管理前沿专题、项目管理、经济法、物流管理、电子商务、涉农企业管理和房地产经营管理等。

实践环节

主干课程均安排有教学实习，主要包括模拟实习以及校外实习。本专业拥有独立的管理信息系统、人力资源管理和企业管理综合实训等专业课程实习平台，并有10余处稳定的校外专业实习基地。

学制

4年。

所授学位

管理学学士学位。

就业方向

本专业着重培养学生的工商管理综合能力，要求学生掌握工商管理的基本知识，熟悉相关管理软件的基本使用方法。毕业生可在一般企业、涉农企业、乡村集体经济组织、事业单位和行政管理机构从事各类管理工作。

投资学（本科）

培养目标

投资学为北京农学院2012年新办专业，结合北京农学院的办学特点、农村经济以及金融的特点，本专业培养适应社会主义市场经济建设需要，掌握经济学、金融学和管理学的理论知识，熟练掌握金融资产价值与风险评估、组合投资、资本运营、公司理财等微观金融业务技能，能在证券公司、期货公司、房地产公司、投资基金管理公司、证券期货管理机构、股份公司以及任何其他从事证券期货投资的法人机构担任管理人员、经纪人或分析师等实际工作，以及在大专院校及相关科研院所从事本专业教学、科研及管理工作的德、智、体全面发展的复合型和应用型人才。

课程设置

微观经济学、宏观经济学、管理学、计量经济学、运筹学、金融学、财政学、统计学、财务管理、投资经济学、风险投资、国际投资学、投资项目评估、金融期货与期权、投资银行学、证券投资学、房地产金融、投资管理信息系统、计算机在投资分析中的应用、金融工程与风险管理等。

实践环节

本专业的实践教学包括实验、实训和实习等多个环节。投资学、统计学、金融市场、计量经济学和商务英语写作等课程安排有课程附属实验。证券期货、投资模拟和金融会计课程安排有课程模拟实训。微观经济学、宏观经济学、财政学、统计学和会计学原理等课程安排有课程实习。企业认知及经营模拟、经济管理类跨专业综合实训、科研训练和毕业论文等综合性的实习可提高学生的实际动手能力，从而达到教学与实践结合的目的。投资学专业开设以来，经多方努力，已与兴业证券、广发期货、方正证券和宏源期货等金融机构建立了合作关系。上述机构不仅定期安排人员来校为学生讲课，而且每年接受学生实习。

学制

4年。

所授学位

经济学学士学位。

就业方向

学生毕业后，可到以下单位或部门：北京市城乡各大商业银行、村镇银行、小额贷款公司、邮政储蓄银行、农业产业投资基金等农村银行或者其他信贷机构；非农公司、农村或者涉农公司（企业）的财务部门；北京市城乡金融租赁公司、担保公司等；北京市城乡保险公司、保险经纪公司、社会保险基金管理中心或人力资源和社会保障局等；上市（欲上市）股份公司证券部、财务部、证券事务代表、董事会秘书处等；商业银行在京郊区级的分支机构或者这些银行的涉农部门；国家开发银行、中国农业发展银行等政策性银行的涉农部门和其他业务部门；国家公务员序列的政府行政机构，如财政、审计部门等。一些优秀的毕业生还可去证券公司（含基金管理公司）、信托投资公司、金融控股集团等风险性很大的金融投资公司就业，或报考相关专业的研究生继续深造。

农林经济管理（研究生）

农林经济管理学科是北京农学院传统优势学科，现已成为北京市重点建设学科。目前，共有导师41人，其中教授16人，副教授22人，享受国务院特殊津贴专家1人，教育部"新世纪优秀人才"1人，全国科普工作先进工作者1人，北京市郊区经济发展"十佳"科技工作者2人，北京市中青年社会科学理论人才"百人工程"学者1人，北京市现代农业产业技术体系岗位专家5人，北京市教学名师3人，北京市青年拔尖人才1人，北京市青年骨干教师7人。近3年，主持省部级课

题累计60多项，其中国家自然科学基金4项，国家社会科学基金4项，教育部人文社会科学重点项目1项，教育部人文社会科学基金项目1项，农业部软科学课题5项，北京市自然科学基金6项，北京市教育委员会重点项目1项，北京市社会科学基金重点项目2项；北京市哲学社会科学规划重点项目2项；科研成果采用40多项，经费达到2 500多万元；荣获省部级以上科技奖励10多项；出版专著60多部，主编教材40多部，发表学术论文800多篇。经过多年的发展，该学科已经搭建起了完善的软硬件人才培养平台，并已形成5个稳定的研究方向：都市型现代农业方向、农村社会发展方向、农产品市场与贸易方向、涉农企业管理方向和农林业技术经济方向。

都市型现代农业方向：主要侧重于都市型现代农业理论体系、运行机制与模式、政策与措施等方面的研究，在国内同类学科中有较强的影响力。主持国家社会科学基金1项，国家自然科学基金1项，近3年科研经费达800多万元。获得国家科技进步奖二等奖1项，省部级科研成果奖6项。发表学术论文200多篇，出版专著（含教材）20多部，荣获省部级以上奖励8项。

农村社会发展方向：主要研究全国及北京市新农村建设、农民专业合作组织建设与农村社会保障等。近3年科研经费达300多万元，获省部级科研成果奖5项，先后主持了县、乡、村新农村规划和山区"百千万"工程规划、农村科普基地规划、农业科技园区规划40多个，出版专著和教材15部，发表学术论文90余篇，荣获省部级以上奖励2项。

农产品市场与贸易方向：主要研究大都市农产品高端市场的组织、功能与农产品贸易创新。主持国家社会科学基金2项，近3年科研经费400多万元，获省部级科研成果奖3项，出版学术专著8部，发表学术论文200余篇，荣获省部级以上奖励4项。

涉农企业管理方向：主要研究涉农企业管理的理论、模式与运行机制。本方向将现代企业管理的理论、方法与涉农企业的实际紧密结合，深入研究涉农企业的体制和运行机制创新；重点研究涉农企业的资源利用效率和环境、政策等问题。近三年科研经费达到200多万元，在国内重要学术会议和学术刊物上发表专业论文150篇，出版学术专著20多部，荣获省部级以上奖励3项。

农村与区域发展（研究生）

农村与区域发展是依托农林经济管理学科发展起来的新型研究领域，现有导师40人，其中教授16人，副教授21人。近3年主持省部级课题累计40多项，其中国家自然科学基金4项，国家社会科学基金4项，教育部人文社会科学重点项目1项，教育部人文社会科学基金项目1项，农业部软科学课题5项，北京市哲学社会科学规划重点项目2项、一般项目8项，北京市自然科学基金6项；科研成果采用40多项，经费达到2 500多万元；荣获省部级以上科技奖励10多项；出版专著60多部，主编教材40多部，发表学术论文共600多篇。农村与区域发展领域农业推广硕士的培养坚持面向基层、服务北京、重在应用的教育理念，培养高层次、多学科、懂经营、会管理的复合型高层次农业推广和管理人才。

成就篇
CHENGJIU PIAN

经济管理学院党建获奖情况

"十二五"期间经济管理学院党建获奖情况统计表

序号	年 度	获奖组织或个人	奖 项	级别
1	2011年	何忠伟	北京高校优秀共产党员	市级
2	2011年	李 华	2006—2010年首都精神文明奖	市级
3	2011年	隋文香	北京农学院优秀共产党员	校级
4	2011年	刘 柳	北京农学院优秀党务工作者	校级
5	2011年	学生第四党支部	北京高校红色"1+1"活动三等奖	市级
6	2011年	经济管理学院党总支	北京农学院先进基层党组织	校级
7	2011年	于雪松、刘自强、王 琛、齐天磊	北京农学院优秀学生党员	校级
8	2012年	农林经济管理系教师党支部	2010—2012年北京高校"创先争优"先进基层党支部	市级
9	2012年	会计系教师党支部	2010—2012年北京农学院"创先争优"先进基层党组织	校级
10	2012年	经济管理学院教师第一党支部——北京昌平草莓会展农业发展研究	北京农学院"双百对接"优秀项目二等奖	校级
11	2012年	经济管理学院教师第一党支部——西柏店村村镇规划	北京农学院"双百对接"优秀项目二等奖	校级
12	2012年	经济管理学院教师第一党支部——沟域经济的可持续发展与农村实用人才培训	北京农学院"双百对接"优秀项目三等奖	校级
13	2012年	经济管理学院教师第二党支部——社区股份制经济调研与实习基地建设	北京农学院"双百对接"优秀项目三等奖	校级
14	2012年	经济管理学院教师第一党支部——上庄农业观光园区建设规划	北京农学院"双百对接"优秀项目三等奖	校级
15	2012年	经济管理学院教师第一党支部：特色农经行动计划	2009—2011年北京农学院党建优秀成果奖二等奖	校级
16	2012年	经济管理学院教师第一党支部：特色农经行动计划	2009—2011年北京农学院党建与思想政治工作创新成果奖	校级

（续）

序号	年　度	获奖组织或个人	奖　项	级别
17	2012年	经济管理学院农林经济管理本科生党支部	北京农学院先进学生党支部	校级
18	2012年	高　然、朱　琳、吴夏梦、王　昱、崔晶晶	北京农学院优秀学生党员	校级
19	2013年	何忠伟	首都民族团结进步先进个人	市级
20	2013年	经济管理学院党总支	2013年北京高校学习型党组织建设示范点	市级
21	2013年	经济管理学院市场营销本科生党支部	2013年北京高校红色"1+1"示范活动优秀奖	市级
22	2013年	经济管理学院党总支：特色农经行动计划计划	校学习型党组织工作品牌活动	校级
23	2013年	经济管理学院党总支："营销我和你"计划	校学习型党组织工作品牌活动	校级
24	2013年	经济系教师党支部	北京农学院先进基层党组织	校级
25	2013年	经济管理学院党总支	北京农学院建设学习型党组织工作示范点	校级
26	2013年	刘瑞涵	北京农学院优秀共产党员	校级
27	2013年	刘　芳	北京农学院优秀党务工作者	校级
28	2013年	朱　聪、崔　晶、韦惠宁、范　维、付瑛杰、高可心	北京农学院优秀学生党员	校级
29	2015年	行政教师党支部	北京农学院先进基层党组织	校级
30	2015年	经济管理学院会计本科生党支部	北京农学院先进学生党支部	校级
31	2015年	李瑞芬	北京农学院优秀共产党员	校级
32	2015年	夏　龙	北京农学院优秀党务工作者	校级
33	2015年	高可心、郝明子、常　悦、刘柏宏、田　震、安嘉文	北京农学院优秀学生党员	校级

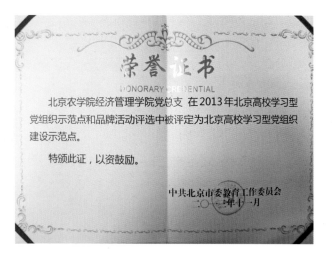

荣誉证书

HONORARY CREDENTIAL

北京农学院经济管理学院党总支 在2013年北京高校学习型党组织示范点和品牌活动评选中被评定为北京高校学习型党组织建设示范点。

特颁此证，以资鼓励。

中共北京市委教育工作委员会
二〇一三年十一月

荣誉证书

北京农学院经管学院学生第二党支部共建活动荣获2010年北京高校红色"1+1"示范活动鼓励奖。

特颁此证，以资鼓励。

中共北京市委教育工委宣教处
二〇一〇年十二月

荣誉证书

HONORARY CREDENTIAL

北京农学院经管学院学生第四党支部在2011年北京高校红色"1+1"示范活动中荣获三等奖。特颁此证，以资鼓励。

中共北京市委教育工作委员会
二〇一二年一月

荣誉证书

授予北京农学院经济管理学院农林经济管理系教师党支部"北京高校2010—2012年创先争优先进基层党组织"，特颁此证。

中共北京市委教育工作委员会
二〇一三年六月

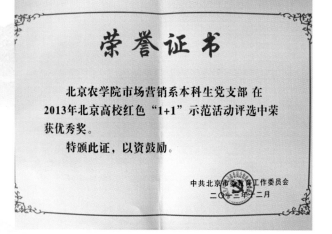

荣誉证书

北京农学院市场营销系本科生党支部 在2013年北京高校红色"1+1"示范活动评选中荣获优秀奖。

特颁此证，以资鼓励。

中共北京市委教育工作委员会
二〇一三年十二月

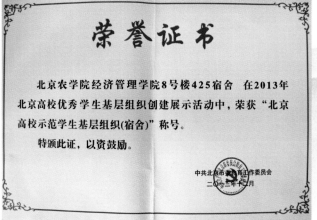

荣誉证书

北京农学院经济管理学院8号楼425宿舍 在2013年北京高校优秀学生基层组织创建展示活动中，荣获"北京高校示范学生基层组织(宿舍)"称号。

特颁此证，以资鼓励。

中共北京市委教育工作委员会
二〇一三年十二月

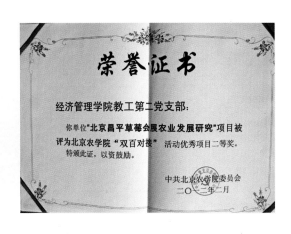

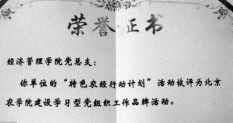

经济管理学院教学及获奖情况

荣誉证书

王有年 高东 范双喜 何忠伟 韩宝平:

都市型高等农业教育创新体系与京郊大学生"村官"培育长效机制研究，获第七届北京市高等教育教学成果奖二等奖。

二〇一三年九月

荣誉证书

郑文堂 何忠伟 李华 刘芳 赵连静:

特色农经行动计划：都市型农林经济管理专业人才培养与创新，获第七届北京市高等教育教学成果奖二等奖。

二〇一三年九月

荣誉证书

赵连静同志:

"都市型高等农业院校经管类专业立体式人才培养改革与实践"成果荣获 2009-2012 年度北京农学院高等教育教学成果一等奖，特发此证，以资鼓励。

北京农学院

证书编号：JXCG2012-1-4　　二零一二年九月三日

荣誉证书

赵连静同志:

"会计学综合实训改革与实践"成果荣获 2009-2012 年度北京农学院高等教育教学成果三等奖，特发此证，以资鼓励。

北京农学院

证书编号：JXCG2012-3-2　　二零一二年九月三日

荣誉证书

刘芳同志:

"经管类本科生跨专业综合实训体系建设与实践"成果荣获 2009-2012 年度北京农学院高等教育教学成果二等奖，特发此证，以资鼓励。

北京农学院

证书编号：JXCG2012-2-1　　二零一二年九月三日

荣誉证书

李华同志:

"《农村公共管理》课程建设与实践"成果荣获 2009-2012 年度北京农学院高等教育教学成果二等奖，特发此证，以资鼓励。

北京农学院

证书编号：JXCG2012-2-1　　二零一二年九月三日

经济管理学院科研获奖情况

2008—2015年经济管理学院科研获奖情况统计表

姓名	获奖项目	获奖名称	获奖等级	授奖单位	获奖时间	排序
何忠伟	中国农业补贴政策效果与体系研究	北京市第十届哲学社会科学优秀成果奖	二等奖	中共北京市委、北京市人民政府	2008年12月	第一
何忠伟	资源环境约束下的北京山区生态产业发展研究	北京市第十一届哲学社会科学优秀成果奖	二等奖	中共北京市委、北京市人民政府	2010年10月	第一
何忠伟	枣林高效生态调控关键技术的研究与示范	国家技术进步奖	二等奖	国务院	2010年11月	第十
何忠伟	植物杀螨活性物质的研究与示范	北京市科学技术奖	一等奖	北京市人民政府	2011年2月	第五
李　华	中首3号新品种选育及其推广应用	北京市科学技术奖	三等奖	北京市人民政府	2011年11月	第六
刘　芳、何忠伟	中国鲜活果蔬产品价格波动与形成机制研究	全国商务发展研究成果奖	著作类优秀奖	中华人民共和国商务部	2013年12月	第一
何忠伟、刘　芳、郑文堂	我国林业重点工程与消除贫困问题研究	北京市科学技术奖	三等奖	北京市人民政府	2014年1月	第一
何忠伟	利用种养废弃物生产园艺基质和有机肥关键技术示范推广	北京市农业技术推广奖	三等奖	北京市人民政府	2014年2月	第七
唐　衡	社会资本进入北京市都市型现代农业问题研究	北京市优秀调查成果奖	二等奖	中共北京市委、北京市人民政府	2014年6月	第二
何忠伟	中国生猪价格波动与调控机制研究	北京市哲学社会科学优秀成果奖	二等奖	中共北京市委、北京市人民政府	2014年12月	第一
郑文堂、胡宝贵、杨为民	畜禽粪污生态处理成套技术研发及产业化应用	环境保护科学技术奖	二等奖	中华人民共和国环境保护部	2014年12月	第四、第八、第九
李　华、何忠伟、刘笑冰	规模化养殖场粪污安全化处理关键技术创新集成及产业化	中华科技奖	一等奖	中华人民共和国农业部	2015年9月	第九
郑文堂	超大城市生鲜猪肉产品安全过程控制及可追溯体系创新与应用	大北农科技奖	二等奖	北京大北农科技集团股份有限公司	2015年11月	第一
胡宝贵	农作物秸秆饲料化利用成套技术研发与产业化应用	环境保护科学技术奖	二等奖	中华人民共和国环境保护部	2015年12月	第五

荣誉证书

何忠伟 同志：

在利用种养废弃物生产园艺基质和有机肥关键技术示范推广成果推广工作中做出突出成绩，获得北京市农业技术推广奖三等奖，为成果第七完成人，特发此证书。

证书编号：2013-3-14-07

二〇一四年二月

北京市科学技术奖

荣誉证书

为表彰在推动科学技术进步、对首都经济建设和社会发展做出贡献的集体和个人，特颁此证，以资鼓励。

获奖项目：我国林业重点工程与消除贫困问题研究

获奖等级：叁等奖

获奖单位：北京农学院、国家林业局经济发展研究中心、北京林业大学、中国社会科学院农村发展研究所

NO. 2013基-3-011

二〇一四年一月

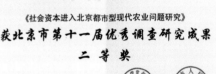

《社会资本进入北京都市型现代农业问题研究》

获北京市第十一届优秀调查研究成果

二 等 奖

主持人：赵根武

执笔人：赵根武 唐 衡 肖 勇
黄生诚 王 梁

中共北京市委员会 北京市人民政府

二〇一四年六月

荣誉证书

《中国生猪价格波动与调控机制研究》

获北京市第十三届哲学社会科学优秀成果奖

二 等 奖

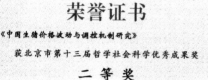

中共北京市委
北京市人民政府

二〇一四年十二月

中华农业科技奖证书

为表彰在我国农业科学技术进步工作中做出突出贡献的获奖者，特颁发此证书，以资鼓励。

成果名称：规模化养殖场粪污安全化处理关键技术创新集成及产业化
奖励等级：一等奖
获奖者单位：北京农学院
获奖者姓名：李华（第9完成人）
身份证号：1101011962103030 3X

证书编号：KJ2015-R1-039-09

2015年9月18日

环境保护科学技术奖

获奖证书

获奖项目：畜禽粪污生态处理成套技术研发及产业化应用

获奖等级：二等

获 奖 者：胡宝贵（第八完成人）

二〇一四年十二月

证书号：KJ2014-2-26-G08

大北农科技奖

证 书

项目名称：超大城市生鲜猪肉产品安全过程控制及可追溯体系创新与应用

获 奖 者：郑文堂

奖励等级：创新奖二等奖

主要完成单位：北京农学院
北京市饲料监察所
北京顺鑫农业股份有限公司鹏程食品分公司
辽宁禾丰牧业股份有限公司

获奖年份：2015年

北京大北农科技集团股份有限公司

总裁

二〇一五年十一月

证书编号：2015-DBNSTA-04-0023号

环境保护科学技术奖

获奖证书

获奖项目：农作物秸秆饲料化利用成套技术研发与产业化应用

获奖等级：二等

获 奖 者：胡宝贵（第五完成人）

二〇一五年十二月

证书号：KJ2015-2-02-G05

经济管理学院师资与 教学团队获奖情况

邓蓉荣获第八届北京市高等学校教学名师奖

陈娆荣获第十一届北京市高等 学校教学名师奖

李瑞芬荣获第十二届北京市高等学校
教学名师奖

隋文香荣获2016年北京市师德先锋

骆金娜荣获2015—2016年度
北京高校优秀辅导员

经济管理学院精品教材及获奖情况

经济管理学院专业实训及
社会实践情况

2015年学校和学院领导参加第三届中国零售
连锁业人力资源论坛

2015年经济管理学院与3家企业在第三届中国零售连锁
业人力资源论坛签订校企合作协议

2015年经济管理学院领导到
北京华联集团调研

2015年经济管理学院作为发起单位参加百果园职业教育联盟成立大会

2016年经济管理学院领导参加全国连锁行业应用型本科商贸人才培养座谈会

农林经济管理

教师涉农企业调研——小毛驴市民农园

教师到湘潭大学洽谈实习基地

农林经济管理专业老师赴东芝公司检查学生实习情况

农林经济管理专业师生赴北京三元集团有限责任公司企业调研

国际经济与贸易

国际经济与贸易专业老师赴北京神州技测科技有限公司检查学生实习情况

国际经济与贸易专业老师指导POCIB全国大学生外贸从业能力大赛参赛学生

2010级国贸2班创学校大学英语4级考试一次通过率（93%）最高纪录

会 计 学

会计学专业老师指导学生的
专业实践课

会计学专业老师检查学生实习情况

会计系师生赴北京闽龙陶瓷馆外出调研合影

工商管理

工商管理专业老师到深圳市百果园实业
发展有限公司检查学生实习情况

工商管理专业老师带领学生调研

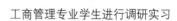

工商管理专业学生进行调研实习

工商管理专业老师参
加提升品牌农产品附加值
研讨会

工商管理专业老师到深圳市标准技术研究院交流

市场营销

市场营销专业师生赴北京天安农业发展有限公司调研合影

经济管理学院第三届Simmarketing营销策划模拟大赛颁奖仪式

经济管理学院第六届营销实训模拟大赛颁奖仪式

市场营销专业老师赴北京顺鑫农业股份有限公司创新食品分公司调研

市场营销专业老师赴瑞泰口腔医院检查学生实习情况

投 资 学

投资学专业邀请方正证券分析师讲授证券市场分析

投资学专业邀请金鹏期货专家讲授股指期货

投资学专业学生进行股票交易模拟实验

经济管理学院对外交流与交换学习情况

2009年澳大利亚JAMSCOOK大学商学院院长率考察团来访

2010年日本札幌学院大学镜味秋平教授一行来访并授课

2010年英国诺森比亚大学
考察团来访

2015年罗马尼亚阿尔巴尤利亚
"1918年12月1日"大学代表团来访

2013年赴英国诺桑比亚大学
交流生欢送会

2014年经济管理学院－英国诺桑比亚大学
本科"3+1"项目欢送会

经济管理学院在英国诺桑比亚大学
攻读本科"3+1"双学位的留学生

经济管理学院工会活动开展情况

2005年经济贸易系分工会召开教职工民主管理大会

2006年经济贸易系分工会与系教工支部联合组织到北京市延庆区考察新农村建设情况

2006年经济贸易系分工会女职工参加拔河比赛　　2006年经济贸易系分工会教职工参加健身长走活动

2007年经济贸易系分工会与系第二党支部联合组织参观中国人民抗日战争纪念馆

2007年经济贸易系分工会举办第三届踢毽跳绳比赛

2009年经济管理学院教职工参加北京农学院第一届趣味运动会合影

2014年经济管理学院举办第二届师德建设培训会

2014年经济管理学院分工会教职工及家属在雾灵山庄合影

2015年经济管理学院工会组织教师乒乓球比赛

2016年经济管理学院工会组织教师卡拉OK比赛

2016年经济管理学院工会组织教师春游鹫峰

2016年经济管理学院教师参加学校教工篮球比赛

经济管理学院教师参加学校运动会

经济管理学院举办离退休工作座谈会

经济管理学院大学生科研行动、专业竞赛及文体活动开展情况

经济管理学院邀请沈文华教授指导学生申报本科生科研训练项目

出版的大学生科研创新行动论文集

经济管理学院学生入围"创青春"首都大学生创业大赛金奖答辩

2014年经济管理学院学生参加北京市大学生ERP管理会计应用决策大赛并荣获优胜奖

2015年经济管理学院教师观摩第十四届"挑战杯"全国大学生课外学术科技作品竞赛决赛

2015年经济管理学院荣获北京农学院就业工作先进单位

2016年经济管理学院学生参加全国高校商业精英挑战赛第三届会计与商业管理案例竞赛并荣获三等奖

2016年经济管理学院学生入围首都大学生创业大赛金奖答辩

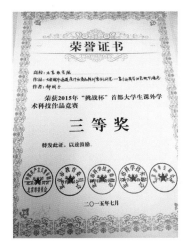

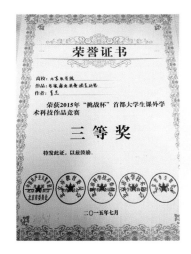

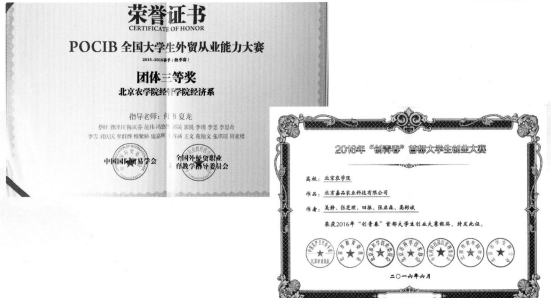

学生辩论赛

英语单词大赛

学生素质拓展活动

学生和北京警察学院开展共建活动

学生参加篮球赛

学生参加学校红歌合唱比赛

迎新晚会

学生参加学校运动会

风采篇
FENGCAI PIAN

编者按：他们也曾是一棵挺拔的树，结过成熟的果实；时光流逝，岁月在他们身上镌刻下苍老的年轮。一生平凡，一世艰辛，默默把知识奉献；是文明的使者，是辛勤的园丁，更是我们最可爱的人。为弘扬尊师重道的中华民族传统美德，经济管理学院精心制作老教授访谈录，献给敬爱的老教师们：追寻他们多姿多彩的人生轨迹，记录他们硕果累累的执教生涯，传承他们孜孜不倦的敬业精神。祝福他们永远健康快乐！

勇于探索创新 积极建言献策

——记经济管理学院詹远一教授

詹远一，1980—1987年担任北京农学院农业经济系系主任，曾任第一、第二届北京市政府顾问，为经济管理学院的发展做出了突出贡献。

重要奠基人

詹远一教授担任农业经济系主任期间，积极进行教学改革，建立了课程体系、理论教学和实践教学"三位一体"的教学体系。

对于新开设的农业经济专业，他认为课程体系的建设十分重要。以经营管理学为核心，以统计学与会计学为基础，从以提高企业经济效益为目标的角度进行教学设计，提升农业经济学科理论研究水平。开创"走出去、请进来"的模式，完善教学课程设计。他通过与农业部、北京农业局和其他科研院校进行学术交流，了解农业经济专业的学术前沿发展动态，实现了学术带动专业发展的目的。

在此之后，他结合农业经济专业的实际情况，开展实验室教学与基层实习相结合的活动。实验室教学主要以农业经济资料室为基础，展开了农业经济理论的实践教学；基础实习的实施主要根据教学进度，由专业教师带队，集中安排学生在基层实习一个月，进一步推动与完善实践教学的改革。

以生为本

加强学生专业教育有助于提高学生对专业的认识程度。在学生专业教育方面，詹教授提出了服务学生的观点，即把学生教育放在第一位，学生是专业教育中的核心。在教育过程中，通过师生之间的互动教学，提高了教学质量，推动了教学改革；通过教学实践环节的实施，完善了课程教学体系的改革。

建言献策

作为经济管理学院的老教师，詹教授依然关注学院的发展，并提出了几点建议：首先，他希望教师们在完成教学工作的前提下，能热爱学生，确立和谐的师生关系，建立师生互动平台，以此来提高教学质量和推动教学改革。其次，学院应注意多加强交流，提高学术水平，通过参与农业领域的合作研究，把握农业经济学科领域的发展前沿，提高学科的竞争力。最后，他指出，要培养农村科技实用人才，符合建设社会主义新农村的新要求。

在北京农学院的校园里，曾洒下詹远一教授辛勤的汗水，曾留下他忙碌的身影，曾印下他频繁的足迹。经济管理学院的今天受益于他的付出和他的努力，而今天的经济管理学院为了灿烂辉煌的明天依然在不懈努力。

采访人：张志强

撰稿人：张志强　史　臣

沉浮八十五载

——记经济管理学院胡锡骥教授

胡锡骥，1931年出生，毕业于北京农业大学（现中国农业大学）农业经济系。1985年调入北京农学院。1993年退休。曾被选为国际农业经济学家协会IAAE会员。1986年，出席联合国粮农组织亚太总部在曼谷举办的畜产品价格专家磋商会议，是会议中唯一的中国代表。1988年，受农业部委托主编《农经英语读本》，并在国内外刊物发表论文约50篇。

他一生坎坷，几经波折

童年时代，在抗日战争中颠沛流离并没有阻碍他求知的热情。青少年时代，他怀揣抗日救国思想，考入了国民政府空军幼年学校。1954年毕业于北京农业大学农学院。1957年，他经历了沉重的浩劫，被打为"右派"。及至"文化大革命"仍坚持十年如一日的自学英文；直到1979年，他被改正错划了22年的"右派"，得以重返讲台。

他在艰苦的环境下坚信，知识就是力量。所以，他从不浪费时间，抓紧分分秒秒汲取知识。在重返讲台后，他在教学、科研和学术交流工作等一系列领域中取得了很大成绩。

他就是胡锡骥教授。

身陷囹圄，坚忍不拔

胡锡骥教授于1954年从北京农业大学农业经济系毕业后，满腔热情想要为国家的建设贡献自己的力量。但是，由于当时的社会环境，通往梦想的道路曲折起伏。他26岁那年，因说真话而被打成"右派"，先后被送到内蒙古一个偏僻的农场及朱日和铁矿山被迫进行劳动改造。改造期间，他吃不饱、穿不暖，还要忍受着身体和心理的各种摧残。但是，在这3年零8个月的改造里，他从来没有放弃自己的梦想。改造期间也曾有可以提前回来的机会，但他却从没有去跟其他人争这个机会，因为他在心里告诉自己："他们也许比自己更需要这个机会。"

800多天之后，他被解除了教养，但仍坚持自己的思想而没能摘掉"帽子"。问心无愧的他，也就没再纠结于此。之后，胡教授在学校做有关行政方面的工作，由于当时的社会原因，他很少上台讲话，他一直信奉的原则是"宁可不说话，也不能说假话"。即使在那样的年代里，他也从未丧失过对国家的信心，他绝不相信国家不要科学，也深知"国家兴亡，匹夫有责"。

锲而不舍，天道酬勤

由于白天劳动，每天只能利用晚上的休息时间学习，92元一台红灯牌收音机是他唯一的学习工具。而他当时的工资是每月51元7毛5分。也就是说，要买这台收音机，差不多是两个月不吃不喝的全部工资。也正是这份执着，让他在拥有这台收音机的同时，也拥有了收音机里的英语900句。

经过10年的不懈努力，他的英语已经达到了一定水平。1977年，因英语教师奇缺，学校派他当了两年的英文老师。这也为他后来从事有关英文翻译等事业奠定了一定的基础。1981年，国家为了培养急需的经济建设人才，从中国科学院、教育部和农业部分别选派100人出国访学。全国农口有1 000多人参考，他以全国第五名成绩被录取。那一刻，他深知自己10年的努力都是值得的。他因为这次机遇被选派前往美国密歇根州立大学学习。学成归来后，他的英语又上了一个新的台阶。与此同时，由于业务学习而成为世界农经学家学会成员。1985年，他与柯炳生一起担任中德合作研究中心德国学者讲学的翻译。并在之后的多次国际讲学中担任翻译，他也真正体会到了为国家出力的那份快乐。

55岁时，胡教授来到北京农学院，开设了西方经济学和世界农业等课程。他想让北京农学院学生更多地了解西方和世界。1993年退休后，他继续致力于经济学原理研究，从未停下手中的笔杆，虽然岁月不饶人，但好学向上的心却是永远也不会随着岁月的流逝而有所减退。退休后的他曾经历了两次癌症的折磨，但他乐观坚强地挺了过来，现今依然保持着每天学习的好习惯。

甘做灯塔，指引方向

胡教授是一位爱国主义者。也是一位学者。他把马克思的《资本论》从头至尾通读了两遍，从字里行间读懂了许多的客观经济现象和经济理论，这为他的学术实践起到了很大的推动作用。因此，他建议在本科和研究生教育中，应学习《资本论》《国富论》等经济学的经典著作。当然，范围和深度有所不同，但一定要联系实际，做到学以致用。

现在的大学生相当部分是没有方向感的"新盲流"，胡教授希望帮助学生能够重新认识自我、改变自我，建立自信心，树立为国家和社会做贡献的理想与信念，并为之努力学习，让学生明白机遇永远只降临在有准备的人身上。

采访人：王艳霞
撰稿人：王艳霞

行为人师 身为师范

——记经济管理学院胡星池教授

胡星池，1933年出生。1981年调入北京农学院农业经济系任教。曾任中国土地学会第二届理事、土地利用研究会委员、北京市土地经济研究会第一届副秘书长、《中国农业区划》统编教材编写组成员。1986年评为北京市教书育人先进工作者，北京市政府顾问团第二、第三届顾问。1989年退休后至1998年受聘中国农业大学土地资源管理系客座教授。主要研究方向：土地利用的理论问题、土地经济评价和土地有偿使用等。发表论文30余篇。

胡星池教授是北京农学院农业经济专业的建设者、实践教学的践行者。于1982年3月9日到农业经济系任教，期间为农业经济专业80~85级和83401甲乙班先后讲授农业区划学、北京农业地理、土地规划和中国商业地理4门课程，并担任农业经济80级班主任、统会教研室主任和系副主任。任教期间，曾任中国土地学会第二届理事、第三届名誉理事、土地利用研究会委员、土地管理与土地规划教学委员会委员、北京市土地经济研究会第一届副秘书长和《中国农业区划》全国统编教材修订版（农经专业用）编委会委员及编写组成员。1985年，被评为北京农学院先进工作者。1986年，被评为北京市高教系

统教书育人先进工作者。1986—1989年，被聘为北京市政府顾问团第二、第三届成员。1989—1993年，受聘北京农业大学资源与环境学院土地资源系兼职教授，1993—1998年续聘为客座教授，参与该校土地资源管理系的创建、青年教师培养、教学和科研等工作。1988年晋升为教授，1989年11月退休。

为人师表显本色

胡教授在评价自己时说她的人生很简单，只有两个角色——学生和老师。作为一名教师，胡教授特别强调教师的本职，分外重视教学中的敬业精神。她认为，教师要想出色地完成好教学任务，首先要热爱自己的工作，

"爱一行，干一行"。只有热爱专业，才能全身心地投入、无私地奉献，教学内容才能体现特色，教学效果才能突出。

胡教授1982年到北京农学院农业经济系任教，她在教学中非常注重对学生学习自主性的培养，提倡让学生在实践中学习。在任教的近8年中，类似的下乡调研、实习和做课题等每年都不少于两次，这些工作对于缺乏实践经验的学生来讲难度很大，胡教授手把手地为同学们悉心传授经验。北京市大部分区都留下了她和学生们的脚印、汗水以及所学知识用于生产实际的痕迹。他们每到一处，必定要摸清农业生产与经营的状况、土地等资源的利用，并在调查分析的基础上提出问题，指明发展方向，因此也得到当地政府、基层干部的欢迎与支持。1988年总结实践教学，她与人合写的《加强实践教学，培养学生独立工作能力》获1989年北京高等教育局优秀教学成果奖。

真心爱心育英才

胡教授说："作为教师，个人的造诣不能算成功，只有当学生在接受教育之后取得了成功，这才是一名教师真正的成就。"执教多年，胡教授一直用自己的真心和爱心滋润学生的心田，用自己的耐心和宽容造就人才。她热爱她的每一个学生，只要是学生的问题，她都会乐此不疲地解答。不仅如此，她认为大学生应该是全面发展的个体，对于大学生的教育不能单纯地停留在学科知识的传授上，而应该拓展到价值观、人生观等领域，提高学生的综合素质，从而增强学生适应社会生活的能力。其中，她重点提到"认真做事，真诚待人"良好品质的重要性，真诚待人是

做人的基本前提，而认真做事则是做事的基本态度，对一个人的成长来说，两者相辅相成、缺一不可。

正是这样的真心和爱心，胡教授在长期的教学中和学生之间建立了良好的师生关系，得到了同学们的普遍认可。每当有往届毕业生返校时，总会有学生找到胡教授，向她表示感谢。其中，82级学生赵东升就对胡老师满怀感激之情。1982年夏天，胡星池老师来到他所在的高中做招生宣传工作，赵东升经过再三思考，决定报考北京农学院。毕业后，他投身农业，回报生他、养他的土地，这一切都是源于胡教授对他的启蒙。

专注敬业出硕果

多年以来，胡教授主持与参与的科研项目有6项，主要是："大城市郊区土地经济评价方法及指标体系的研究""土地适度经营规模研究""北京市经济区域功能界定及区域产业发展战略构想研究"等。

公开发表论文有：《试论土地科学的理论问题》，胡教授在业内较早提出对土地科学理论问题的研究，此论文在2000年庆祝中国土地学会成立二十周年时被《中国土地科学二十年》一书作为第一篇文章收录。《县级农业区划、农业发展计划与土地利用总体规划的关系》《试论新形势下土地利用规划学的研究对象与实践》等20余篇。

编著的著作和教材有：参编周诚教授主编的《土地经济学》，于1991年获中国人民大学优秀教材奖；参编高等农业院校农业经济专业用《农业区划》全国统遍教材修订版；参编 许牧 教授主编的《中国土地管理利用史》教材；自编《北京农业地理》一书。

良言献策助发展

当谈到经济管理学院未来发展时，首先，胡教授希望学院通过建立良好的师生关系，在良好的教学氛围中加强对学生的专业教育，从而推动教学改革。其次，应加强学术交流，提高学术水平。她认为，大型项目的研究活动是必不可少的，通过参与这些合作研究，可以凝练学科的发展方向，提高专业技术水平。最后，她认为，学院应重点突出办学特色，科学设计课程体系，在借鉴国内外同学科发展经验的基础上，适时改变人才培养的观念，适应社会经济建设的要求。

身为一名农业院校的教师，尽管退休，她仍心系"三农"，关注农村、农业、土地的发展状况，并发表相关论文提出建设性的意见。尽管退休，她仍关心教育、关爱学生。最后，用胡教授老伴温书斋先生的一首诗来结束本文："生性坦荡荡，为民志耿耿。处世秉公正，待人献赤诚。教书讲致用，育人藉力行。桃李满天下，师生情谊深。公道人心在，越活越年轻。"这便是对胡星池教授一生最好的概括。

采访人：张志强

撰稿人：张志强　刘星君

史　臣　王志睿

见证发展 无私奉献

——记经济管理学院杜兴华教授

杜兴华，1935年出生，作为北京农学院农业经济系最早的创办人，他见证了北京农学院经济管理学院曲折而辉煌的发展历程。如今，他虽已不在教学科研的第一线，却依然关注着学校的发展，关心着广大同学们的未来。

见证经管发展

1959年，杜教授毕业于北京农业大学。1962年，秋调入学院筹办农经系，1963年开始招生。"文化大革命"期间学校停办，杜教授下放房山县。1978年北京农学院复校，1981年初杜教授调回学校工作。先后担任农业经济党总支副书记、院党委组织部负责人、兼任院图书馆馆长。1987年任农业经济系主任，兼院贫困地区干部培训领导小组副组长和培训部主任。1991年被聘为中央党校"'三农'问题研究中心"客座研究员，同时还是农业部全国农业院校教学指导委员会农业经济学科组成员。

为公为民 奔波不停

在任农业经济系系主任期间，杜教授组织了北京市农村专业证书考试培训，共招收1 236人学习，354人获大专证书，882人评上农村会计师和助理会计师，100多人走上领导岗位。1989—1991年，为"三西"地区乡镇干部培训2 770人，北京电视台《今日京华》栏目对此做了专题报道。在退休后，他还担任了一些社会职务，如中国乡镇企业协会企业家委员会副会长兼秘书长、专家委员会主任、中国中小企业家网负责人等。

在教书育人的工作中，杜教授强调学生应该学好英语，多读古典文献。同时，也应该在文史哲的综合能力上多下功夫，锻炼自己的文笔与思想水平，多读书，会读书，读好书。

兢兢业业 硕果累累

采访中，记者被杜教授孜孜不倦的求学精神和谦逊严谨的治学态度所感动和鼓舞。杜教授的主要学术著作有《农村经济学》《乡镇企业经营管理》《国营农场劳动报酬》《农业经济学》和《农村经济学概论》等。其中，《农村经济学》被评为农业部招标中标教材。杜教授认为，我国重视"三农"问题，作为农民办的企业——乡镇企业还没有完成自己的历史使命，有很多问题值得思考和研究。同时，杜教授还在《人民日报》（内参）、《中国企业家》（香港）、《乡镇经济研究》《农业技术经济》等刊物上发表多篇论文。并获得过许多荣誉：被评为国家教育委员会、农业部、林业部"支农扶贫和为农业生产服务先进个人"；国务院贫困地区经济开发领导小组颁发的"突出贡献"荣誉证书；农业部颁发教学改革"突出贡献"荣誉证书；北京市教育系统先进个人；北京农学院优秀教学成果奖一等奖；北京农学院首批教材评比一等奖；北京市30年教龄荣誉证书。

寄望经管未来

杜老师作为享受国务院特殊津贴的教授，对学校的发展、青年教师和学生寄予希望。他认为，大到国家，小到学校和学院，要有深化教育改革的意识，要发展就要改革，应该积极学习其他国家的先进经验。其中，他特别谈到青年教师要认真做学问，抵制学术腐败，要有真功夫；而作为祖国未来的大学生，要有信仰、有追求，深刻理解幸福的含义并勇敢地为之拼搏奋斗。

回顾自己的执教生涯，杜教授有这样的人生感悟：

做人做事，求实严谨；
与时俱进，敢于创新；
无私无畏，出于公心；
淡泊人生，健康身心。

采访人：何 伟
撰稿人：何 伟 李雅智

俯而学 仰则思

——记经济管理学院王邻孟教授

王邻孟，1955年毕业于北京女二中，1961年于苏联哈尔科夫农学院（现乌克兰国立哈尔科夫农业大学）土地规划系完成学业，获得优等毕业证书和土地规划工程师称号。曾任中国土地学会第三、第四届理事、北京市土地学会理事。

　　有这样一个人，她具有很强的感染力和亲和力，严于律己，宽以待人。

　　有这样一个人，她具有严谨的治学态度、深厚的文化涵养。

　　有这样一个人，她秉持"俯而学，仰则思"的态度，认为那是一种人生乐趣。

　　她就是王邻孟教授。

报效祖国　敬业奉献

　　1961年，王邻孟教授大学毕业，怀着到艰苦的地方去、到祖国最需要的地方去、用学到的知识报效祖国、服务人民的满腔热情，在西北农学院起步。《土地规划学》是一门新课程，她自编了讲义，设计了实习课，并承担了该课程所有教学环节的工作。西北农学院朴实的校风和严谨的治学让她终身受益。在陕西省武功县、宝鸡县、扶风县以及山东省黄县等地经历了教学、规划和其他社会实践的锻炼。在那些岁月的历练里，提高了思想觉悟，打下了工作踏实、严谨和实事求是的基础。

　　1973年，王邻孟教授调任核工业部405厂工作，经历了"坚守岗位、大力协同"的工作锻炼。勤于学习、敬业奉献，1980年取得科技情报工程师职称，她所在的、后负责的科技情报科多次被评为405厂先进单位。为405厂采用新主工艺做了一些先行性技术基础工作，1985年记405厂二等功。

1986年5月，王邻孟教授调入北京农学院农业经济系工作，先后讲授土地规划学、土地管理学、土地经济学、专业俄语等课程，1994年，获得北京农学院"三育人"先进工作者称号。

严谨执教　潜心科研

作为教师，王邻孟教授一直以提高学术水平和道德品质修养为己任，以学生成长为中心，时刻提醒自己要无愧于老师的光荣称号。她努力引导学生掌握理论，发展智能，了解科学发展前沿，提高学生分析问题和解决问题的能力，注重实践教学。她热爱学生，在他们身上寄托着许多自己的理想，努力通过自己的教学，发展学生崇尚真理、独立思考、热爱祖国、为人民服务的精神和良好品质。

王邻孟教授十分重视教材的选择、使用和建设。参加了全国农业经济专业参考教材《土地规划设计》的编译，参加编写和修订全国土地管理专业教材《地籍管理》（被教育部确定为普通高等教育"九五"国家级重点教材）。完成土地管理专业补充教材《土地管理中的测量工作》的翻译。

为了提高教学质量，王邻孟教授努力做好科研工作。深入实际，在理论与实际的结合中，不断提高自己的学术水平和解决实际问题的能力，同时也为学生提供了更多实习的机会。她主持的"小城镇地籍整理的研究"获国家土地管理局1990年度科技进步奖三等奖；1992年以作为第二主持人、技术负责人完成的"河北省魏县土地利用整体规划"获河北省土地管理局优秀成果奖一等奖、国家土地管理局土地利用优秀成果奖二等奖、国

家土地管理局科技进步奖三等奖。

王邻孟教授在取得国家注册土地估价师资格后，1993年，与王伟带领学生完成了"北京房山基准地价的评估"。

她参加起草的《城镇地籍调查规程》2002年获国土资源部科技进步奖二等奖；参加的"北京市土地资源合理开发利用和保护治理"项目获部级科技进步奖三等奖；2003年，与学院陈改英副教授完成了"全国城镇土地资产总量调查与测算"。

心系土地管理　尽心尽力

1986年，成立了统管全国土地的国家土地管理局，公布了《中华人民共和国土地管理法》。国家对土地和土地管理的重视，为王邻孟教授发挥自己的专业特长开辟了更广阔的天地。她在为国家提供基础土地数据的"全国第一次土地利用现状调查"（简称"详查"）中受聘为全国技术指导组成员，全国土地资源调查汇总编辑委员会委员，对调查的技术精度进行了研究和估算。为保持国家土地统计数据的准确性，国家土地管理局举办了全国北方和南方"土地调查统计"培训班。在培训班上，她讲授"土地统计"，进行外业调查指导。1995年，获国家土地管理局颁发的"全国土地详查先进个人"荣誉证书。

她是我国行业标准《城镇地籍调查规程》主要起草人之一，参与了国土资源部制订新《土地分类》的工作。

她积极参与土地管理干部的继续教育工作。在全国土地利用总体规划培训班讲授土地利用战略研究；在国家土地管理局举办的数届全国地（市）、县级土地管理局长培训班讲授土地规划；在全国土地管理人员教育电

视培训上进行土地利用规划总复习，为考试命题并制定标准答案。在北京市土地管理局举办的地价评估培训班讲授土地估价基本理论。

她是大型土地科学知识工具书《土地大辞典》的分篇主编。这是所有参编者向1992年我国第一个"土地日"的献礼。

参与学院举办的"三西""吕梁"地区干部培训班的考察和以当地的土地利用问题为重点的授课，获国务院贫困地区经济开发领导小组"三西"地区经济开发办公室颁发的荣誉证书。

感悟人生　继续学习

离开教学岗位后，在更多的可以自由支配的时间里，做更多自己喜欢的事。

她参加莫斯科国立土地管理学院校庆，宣读论文；完成国土资源部"哈萨克斯坦地籍管理的研究"课题后，翻译出版了《哈萨克地籍管理》；在中国人民大学举办的"新中国土地管理事业与土地科学发展五十年研讨会"，发表论文《第一次土地利用现状调查和留给我们的思考》。

2004年协助程海翻译、出版了《钢铁是这样炼成的——同时代人回忆中的人和作家奥斯特洛夫斯基》，以纪念奥斯特洛夫斯基诞辰百周年。

她也在回首往事，虽有时感到迷茫，但还是不断地坚定着自己年轻时的理想，"为人民服务、为祖国奉献"是自己毕生的追求。

"严于律己，宽以待人"是父亲曾经对王邻孟教授的谆谆教诲，"俯而学，仰则思"则是王邻孟勉励自己的信则，"善于发现别人的优点并真心地佩服和学习"是王邻孟对女儿的忠告。

如今的王邻孟教授仍在不断学习，不曾忘记自己的责任，对年轻一代充满了期望。

采访人：李玉红

撰稿人：李玉红　贾冰洁　王　薇

愿献黄土 泽益林农
甘为蜡烛 盼生成才

——记经济管理学院江占民教授

江占民，1945年出生，中共党员，硕士生导师。1970年毕业于北京农业大学。2005年3月退休。1995—2005年在北京农学院任职，曾任系副主任、系主任，教授多门课程。主持和参加国家级、省部级科研课题16项，出版专著和教材12部，发表论文30篇。

　　有这样一位老师：他将青春献给茫茫黄土，把梦想留在郁郁校园；他虽获些许殊荣，仍坚守三尺讲台；他年逾花甲，依旧心系莘莘学子；他就是江占民教授。

学以致用　兢兢业业

　　江占民教授1945年2月出生于河北省安国市，1970年毕业于北京农业大学农业经济系农业经济管理专业。毕业后，江教授就有效地把大学里的理论知识运用到了实践中。他先后任河北省里县县委组织部秘书，公社党委副书记，华北电力大学党委宣传部秘书，河北农

业大学农经系副主任，土木工程系党总支副书记，河北农大教学实验场总场场长。1995—2005年，他在北京农学院经济贸易系工作，曾任系副主任、系主任，教师；兼任中国农业企业经营管理教学研究会常务副理事长，秘书长；中国县镇经济交流促进会常务理事、副秘书长；北京农经学会常务理事；北京科教兴农专家组成员；北京农史研究会理事。

　　尽管身兼数职，江教授仍然以教学为重，讲授的课程有农业企业经营管理学、管理心理学、农业经济管理等。他辛勤任教26年，虽然很累很辛苦，但是他从未有过丝毫的

松懈。他对待学问一丝不苟，对待工作勤勤恳恳，用他自己的话来说，就是"既然大家给予我信任，我就要肩负起责任"。

孜孜不倦　谦谦硕果

由于多年对农业经济管理的潜心研究，再加上丰富的实践经历，江教授在学术上有着较高的造诣，获得了多项殊荣。其中，"全国海岸带资源调查（河北省海岸带社会经济调查）"课题获国家科技进步奖一等奖、河北省科技进步奖一等奖；"贫困地区智力扶贫工程"课题获省部级三等奖、市局级一等奖；国家科学技术委员会与河北省科学技术委员会共管课题"冀西北坝上农牧结合区可持续发展研究"获国家科学技术委员会科技进步奖三等奖、河北省科学技术委员会科技进步奖一等奖；国家科学技术委员会"八五"攻关课题子课题"农业结构调整决策支持系统"获司局级一等奖；河北省科学技术委员会课题"市场导向型农业结构调整方向和途径研究"获局级一等奖、二等奖。

此外，江教授还积极参与编著教材。他主编的著作与教材多达10余部，主要有《乡镇企业经营管理学》《企业管理学原理》等。

寄望学院　力倡改革

学生的学习状态一直是江教授关注的一个方面。为此，江教授走访了其他的院校进行交流探讨。经过分析，他认为学生的"厌学"情绪，并不是来自于他们对学习的"低兴趣"，主要原因是"厌教"；他认为学生的学习愿望是很强烈的，只是对现在教学的内容、方式、手段和某些制度等方面不满，学生希望自己不仅要学到理论和知识，而且要

学到方法和不断提高自己的技能；不仅当学生，还要有参与、讨论教学的权利。所以，他建议要深化教学改革。江教授将其总结为4个字"减负、增效"。"减负"就是减轻学生不必要的学习负担，为学生提供更多的时间和空间，进行自学和开展研究活动；"增效"就是提高教学效果，结合经济管理学院的特点，整合教学内容，创新教学方式，让学生更好、更快地接受。重要的是挖掘学生潜力，培养学生的自学能力和学习主动性。

在科研方面，江教授指出，现在的科研条件比以前有了很大的提高，做科研的教师更要脚踏实地，多出高质量、高档次成果。江教授希望教师们多读经典，如亚当·斯密、凯恩斯、邓小平等人的著作，将经典理论与"三农"问题结合进行研究。

舐犊情深　赠言相励

江教授对经济管理学院朝气蓬勃的莘莘学子寄予了厚望。江教授告诫同学们："人生短暂，要抓紧时间做事。人可以给自己树立远大目标和理想，但并不是所有的理想及目标都能够实现。因此，要在有限的时间内，不断提高自己，不偷懒，尽量多做事，做实事；要创造和谐的环境，这将有利于自己的长远发展。"

同时，他认为发展才是硬道理，他希冀经济管理学院师资队伍不断壮大，力创和谐、团结的氛围；教学科研水平不断提高，取得更多的科研成果，培养出更多的优秀青年，为"十三五"的发展输送更多人才。

采访人：白　华
撰稿人：白　华　李　硕　王　薇

博学多思授真知
云淡风清悟人生

——记经济管理学院李兴稼教授

李兴稼，1949年出生，硕士生导师。1991年调入北京农学院任教，1992年担任教育部高等农林专科课程建设委员会委员，2005年担任财政部国家农业综合开发项目评审专家，2009年退休。曾任农业部农村经济管理干部学院服务中心副主任，企管系副主任、主任，中国科学技术协会科技咨询专家，澳大利亚农业与资源经济学会会员，中国乡镇企业协会学术委员会委员。曾主持国家级、省部级和市级多项研究课题。曾获农业部科技进步奖和北京市哲学社会科学奖等奖项。出版专著和教材10余部。

作为一名优秀学者，他秉承"博学多思，于经典中求学问；知难行易，实践里做文章"的理念，潜心科研，硕果累累。

作为一名身兼数职的专家，他保持"宠辱不惊，看庭前花开花落；去留无意，望天边云卷云舒"的坦然心态，心系"三农"，积极推动京郊农村的发展。

他，就是李兴稼教授。

博学多思授真知

作为一名大学教师，李教授勤于思考，立意创新，不断改进教学方法，致力于提高教学效果。课堂上，他从立意创新的角度出发，鼓励学生将宝贵的书本知识与实践相结合，唯我所用，提高自己的能力。课堂外，在完善自身的同时，他不断地对工作进行反思与总结，结合自身体会，改进教学方法。在这种理念的指导下，李教授培养了一批批优秀人才。

他先后主讲过政治经济学、技术经济学、社会统计学、市场营销学等多门课程。与此同时，李教授还主编出版《农产品加工经济》《乡镇工业技术经济》等实用教材，以及《如何搞好城郊农产品贸易》《商品生产信息知识》《大学生"村官"的使命与创业》等科普著作。

潜心科研出成果

作为一名优秀的科研工作者，李教授自1981年以来，承担了多项课题研究，并获得了多个奖项。他于1981年承担湖北省农业机械化系统工程研究；1985年承担国务院农村发展研究中心农村产业结构调整研究；1987年承担农业部乡镇企业宏观管理研究；1993年承担北京市计划委员会农民进入市场途径研究和京郊农村劳动力利用结构研究；1998年和2008年分别承担北京市农业普查课题研究。其中，"中国乡镇企业发展战略与宏观管理研究"获得农业部科技进步奖三等奖；"农村产业结构调整研究"获得国务院农村发展研究中心优秀成果奖二等奖；"京郊农民进入市场途径研究"获得北京市第四届哲学社会科学优秀成果奖二等奖、北京市计划委员会优秀调研成果奖一等奖；国家计划委会员调研成果奖三等奖。"京郊社会经济发展中所有制结构的研究"获北京市农业普查成果奖三等奖，"构建城乡统筹的农村社会保障体系研究"获得北京市农业普查成果奖二等奖。2004年2月，在墨尔本AARES Conference发表《中国奶业发展战略研究》论文，该论文被Blackwell Publishing收录。主持省部级、市级科研课题10项，发表论文50余篇。

心系"三农"促发展

作为一名农业领域的专家，李教授心系农村，并善于将理论运用到实践中。多年来，他结合教学、科研工作，先后承担农村基层干部培训、科技咨询、农村规划和企业管理咨询服务等多种科教兴农活动。在农业部农村合作经济经营管理总站农业经济学院服务中心任职时，他组织农村基层干部培训班20余次，培训人员500余人。到北京农学院工作后，他按照北京农学院科技处和经济管理学院经贸系的安排，参加了一系列科教兴农活动。通过这些活动，他向农村基层干部和农村企业管理者宣讲了中央有关农民、农业、农村方面的政策，普及了农村经济管理和企业管理方面的科技知识。这对推动农村经济体制改革和调整农业产业结构、促进农村经济发展起到重大作用。2002年，他被评为市级科教兴农先进个人。

语重心长寄厚望

作为一名经验丰富的老教授，李教授对经济管理学院和年轻教师寄予深厚的期望。第一，他希望学院借助学校对管理类专业的投入力度，能够申办更多的硕士点专业。第二，他认为学院要加强师资队伍建设，提高师资素质，组建教师团队，充分发挥教授带头作用。第三，应积极倡导理论联系实际的学风，教研室要经常组织教师和研究生到农村、企业进行调研，青年教师也可以通过挂职等多种形式，积极参与社会活动。第四，学院资料室应向图书馆学习，发挥其辅助功能，为学生提供多种多样的学习资源。第五，他认为经济管理学院可通过管理的具体化和细致化提高教学管理效率。

博学、多思、淡然的李教授率先垂范、严于律己、无私奉献，以高尚的情操影响人，以良好的师德塑造人，闪耀着人民教师的灿烂光辉。

采访人：桂　琳
撰稿人：桂　琳　王　薇

如日之升 如月之恒
——记经济管理学院沈文华教授

沈文华，1952年出生，毕业于牡丹江农业学校农业经济专业。1982年2月至今，在北京农学院从教。先后担任农业经济系党总支副书记、副主任、经济贸易系系主任、教务处副处长、高校研究所副所长、学校本科教学督导组组长、北京农学院老教师工作者协会会长等职务。主要研究方向：农业经济与政策研究、统计调查与统计数据分析处理、高等教育教学等。发表论文40余篇。主编《会计信息系统教程》等多本教材，完成多项部委级和北京市级招标课题。

他，爱做老师，爱教学生。

他桃李遍天下，但依旧以"做个好老师"为目标。

他致力于学校的教育教学改革，乐观积极，力求为学生搭建适合他们的平台。

他从1987年先后担任农业经济系的党总支副书记、农业经济系副主任和系主任，后来在学校教务处分管教育教学改革和教育质量管理、在教育信息化建设的副处长工作岗位上辛勤工作了6年。

他获得的表彰很多，但最让他骄傲的是获得"北京市优秀教师"的荣誉。

他就是沈文华教授。

视困难为常规，以付出为快乐

出生于书香门第的沈文华教授，作为"老三届"的一员经历了"上山下乡"，从上海到黑龙江生产建设兵团屯垦戍边。在艰苦的兵团条件下生活，凭借着"干一行，爱一行"的精神，努力工作，珍惜时间，执着读书。读书是沈教授最大的爱好，家里珍藏着众多书报杂志，不断新增的图书陪伴着他的成长。1978年2月，作为77级本科生的一员，就读于牡丹江农业学校农业经济管理专业本科班。1982年1月，毕业分配到北京农学院工作，多年来教过十几门课程，他热爱学校、热爱教育、热爱学生，经历了、见证了北京农学院的发展变化过程。他用自己的言行、用乐观向上的精神感染身边的老师和同学们，共同为学校更快、更好地发展做出自己的贡献，微笑是他的标志。

人生在勤

沈文华教授勤于实践，勇于研究。他在北京农学院有许多个第一，最让他引以为傲的是当年倾尽所有购买的第一台386计算机，在当时很多人还不知道计算机为何物时，他已经提出学校应该利用计算机辅助教学、利用计算机带动教学。作为当年农业经济系副主任，他努力为经济管理学院争取到了20台386-SX16计算机，带领老师和学生们建立了学校第一个网络教室，制作了第一个校园网页。进而，他成为第一个为学校引进多媒体教学、成为在全国开展会计电算化教学最早的老师之一。从那以后，他一直主张加强教学信息化和网络信息化，以不断改进教学方法、提高教学质量。

在对学生教育方式的改革上，沈教授坚持认为，学校不仅要为学生提供一个学习平台，培养传统意义上学习好的学生，更应该搭建不同平台，为学生提供多方面发展的途径、能促使更多优秀人才的脱颖而出。不仅如此，沈教授还认为课堂教学和实践教学的重点不在于老师教了多少，而在于学生学了多少，应着重考察学生的学习收获，让"每个人"都有发挥的余地、锻炼的机会和展示的平台。

教育改善人格，反思启迪智慧

沈文华教授认为，90后的学生有着鲜明的时代特点，他们具有新时代大学生所具有

的更愿意接受新事物、接受市场经济新挑战的勇气和自信，同时不甘于承受不感兴趣的枯燥的教学方法，在他们身上，多了一份喜新厌旧、少了一份耐心，多了一些"动"、少了一些"静"，多了一些积极的激励与挑战的因素、少了一份自我控制、自我约束的能力。因此，学校应该注重对学生独立人格的培养，帮助学生克服内心的浮躁，扬长避短，用现代教育理念引导学生。他认为，师资力量是推动学校发展的重要作用，支持教师在社会中兼职，从社会中汲取经验运用到教学中，使教学的实用性加强。不仅要关注学校对学生学习与培养的投入是否到位，更要注意教师对学生的投入是否到位。沈老师乐于和学生相聚在一起、畅聊在一起，他以自己的人格魅力感染着一批又一批学生。

针对部分学生缺乏学习兴趣与学习动力，沈文华教授主张加快完善学分制，打破专业与专业、班级与班级的界限，在进一步明确并减少必修课、限制必选课的基础上，创造条件让学生们根据自己的兴趣爱好选择课程、选择老师和选择学习时间。建议能有更多的学生享有第二次甚至第三次选择专业的权利和机会，同时也希望同学们能适应现代大学的改革进程，努力抛弃应试教学带来的惰性，提高自学能力，加大预习与复习的时间投入，努力掌握自主式、协作式和探究式的学习方法。

沈文华教授过了退休年龄已有4年，他告别了原来为之奋斗的教务处领导岗位，但他没有退出本科教学和教育研究的舞台，他依旧在乐观而勤奋地工作、认真而精心地上课。沈文华教授，不愧为我们学校一位受到学生喜爱的优秀老师。

撰稿人：学生记者

"三爱"老师
——记经济管理学院杨静教授

杨静，1957年出生，毕业于中国人民大学二分校，教授，硕士生导师。讲授国际贸易、国际贸易实务、专业英语等课程，参与北京农学院经济贸易系国际经济与贸易专业的筹建和申报，主持完成国际经济与贸易专业人才培养方案的制订、修订和实施工作。

爱是教师职业永恒的主题，爱是师德的核心，爱是教师的灵魂。鲁迅说："教育植根于爱。"爱因斯坦说："只有爱才是最好的教师。"陶行知说："没有爱就没有教育。"因为爱，你才会感觉到站在讲台上的自豪与神圣；因为爱，你才会感觉到校园的美丽和学生的可爱；因为爱，你才会感觉到日复一日付出的幸福与甜蜜。

30余年前，26岁的杨静老师，带着对教师职业的一种崇高感，踌躇满志地跨进了北京农学院的大门，成为一名高校教师。从教以来，杨静老师正是带着对教师职业的一种崇高感，带着对学生、对岗位和对学校的爱，在小小的三尺讲台上挥洒青春与汗水，教授出一批又一批优秀的学生，赢得了学生的尊敬与爱戴。

爱生如友

杨静老师总说："在学校教育中，教师与学生在教学内容上是'授受关系'，在人格上是'平等关系'。"她曾不止一次地和她的学生说："在课堂上，我是你们的老师；在课后，我是你们的朋友。"在平日的教学和与学生们的相处过程中，杨老师的确如所说的那样，经常换位思考，从学生的角度出发去思考问题，用学生所熟悉的语言去与他们沟通，拉近她和学生的距离。尽管随着年龄的增长，与青年学生之间的年龄差距越来越大，在相处过程中难免会在一些问题上产生"代沟"，但杨静老师却善于用自己的方式，妥善地处理好这些问题。在学习上，她对学生严格要求；在生活上，她对学生关怀备至。课下，她还会主动与学生交流沟通，为他们指点迷津，解决学习与生活中的困惑。

2008年6月的一天，杨静老师收到一个小小的礼品盒，打开一看，是一个植绒背板、铝边玻璃相框。相框中，夹着一张照片和一张纸条，照片上是一个俊朗的、面带羞涩微笑的大男生。纸条上写着："老师：您好！谢谢您对我的帮助与鼓励，使我重新找回自信，提高了对会计专业课学习的兴趣。我马上就要毕业了，送您这个相框做个纪念。"这个男生是2004级会计学专业的一名学生，一个和杨老师的儿子同龄的大男孩。故事还要从2007年9月说起，那时候杨老师担任会计英语的教学任务。在全班为数不多的男生中，一个笑容腼腆，谦和有礼的大男生给杨老师留下了深刻印象。但是，每当杨老师提问时，他总是会低下头，慌乱地躲过杨老师的目光。通过平日学习中的接触，杨老师发现男生不仅英语基础有些差，会计的专业知识掌握得也不太到位。看到他基础薄弱、缺乏自信，杨老师决定尽自己所能帮助他。为提升他对专业知识学习的兴趣与自信心，每次在课程结束后，她都会为男生布置一个题目，要求他下次课上为全班讲解。为了能在全班同学面前有一个好的表现，大男孩也着实下了一番苦功，为完成布置给他的题目，他不但在图书馆翻阅资料，还主动向杨老师请教问题，并为上台讲解做了充足的准备。经过一个学期的努力，他对问题的讲解越发透彻，自己的成绩也飞速提高。更重要的是，他不再如以往般羞涩腼腆，变得自信阳光，在课堂上也敢主动回答问题了。

如今，当年的男孩早已离开学校，有了自己的事业与生活。但是，每当杨老师看到这个玻璃相框时，男孩那俊朗的面孔、腼腆的笑容依旧清晰如昨。

爱岗如业

在杨静老师心中，她将教师这个岗位作为自己毕生的事业来经营。她认为，爱岗位就是要有责任心、有踏实的工作作风、有较高的专业素质、有较好的工作质量和成效。而这其中，专业素质是她认为最重要的。

她总说："业务能力欠缺的人不会成为一个真正爱岗位的人。要爱岗位必须珍惜岗位、回报岗位，这是最简单的道理。"于是在工作中，她注重提升自身的教学和科研能力。

杨静老师先后承担了经济管理学院专业英语、外贸英语、国际贸易等专业课和专业选修课的教学工作。在教学工作中，本着对学生负责的精神，一丝不苟地备好每一节课，并注意借助网络与学生课上课下的沟通与交流，教学效果好，每年的教学质量评分均在90分以上，其教学效果得到学生认可。2009年，她所承担的国际贸易实务课程被评为校级优秀课程，还曾多次在年度考核中被评为优秀。

杨静老师还侧重于对世界农业经济以及农产品市场与政策领域进行研究，在学术上也取得了一定的成就与进展，有30余篇科研论文刊登于《世界农业》《中国食物与营养》《中国奶牛》等杂志上。特别是2002年，获得国家留学基金管理委员会的资助，以访问学者的身份前往澳大利亚悉尼大学修学一年。

在这一年中，杨静老师不仅系统地选修了农产品国际贸易、商品价格分析和研究方法等课程，而且还与悉尼大学的Gordon MacAulay教授建立了非常好的合作关系，主持了由澳大利亚乳品局资助的《中国城市居民乳品消费研究》和《中国乳品消费需求的模型分析》的科研课题。回国后，仍围绕着乳业经济问题展开多方面的研究，主持《北京市生态奶业发展对策研究》和《北京市居民花生及制品消费需求研究》等多项课题。

爱校如家

作为北京市属普通高等农林本科学校，北京农学院建校已有60个年头。杨静老师从北京农学院恢复办学的第三年就来校任教，多年来，她为学校教育默默付出，也为学校取得的成绩欢欣鼓舞，她一直尽自己所能为学校的发展贡献力量。用她自己的话说，北京农学院就是她的家，她愿与北京农学院一起成长。多年的工作中，她努力做好自己的管理工作，无论这份工作是大是小，她都很用心，精心地建设着她的"家"。

她曾负责北京农学院经济贸易系国际经济与贸易专业的筹建和申报，主持完成国际经济与贸易专业人才培养方案的制订、修订和实施工作。在担任国际经济与贸易教研室主任其间，她努力做好本职工作，配合院里完成各项日常的教学管理和实习基地建设工作。带领教研室老师完成多项质量工程立项和外贸实训平台的专项申报。

在担任2009级国际经济与贸易专业的班主任期间，她经常深入课堂了解学生的出勤与学习情况。一年中，她对学生进行深度访谈100余人次，并对一些有学习困难、心理障碍及单亲家庭的学生重点关注，积极与家长沟通。组织成立班级读书会，为学生推荐相关专业书籍，引导学生明确专业方向，提高对本专业的兴趣。为提高学生的英语水平，她还利用业余时间为学生补习英文。

作为一名高等学校的教师，杨静老师做到了全身心地去爱学生、爱岗位和爱学校。她说："不管是昨天、今天还是明天，我都是一名普通的人民教师，也是一名合格的人民教师，我所有的内心收获，都已经在做一名'三爱'教师的过程中得到了；我所有的委屈和痛苦，都已经在做一名'三爱'教师的过程中消失了。现在我退休了，我离开教师这个岗位了，但我能问心无愧地对自己说，'一生献教育，爱心铸师魂'，相信这句话将是我一生教师生涯的真实写照。"

撰稿人：骆金娜

编者按：教师是人类灵魂的工程师，是太阳底下最光辉的职业。治军强师惟英帅良将，治校兴学惟名师良贤。经济管理学院的不断发展与壮大，离不开一大批教授们的呕心沥血、奋发有为。以他们为代表的老师们潜心教学、科研，默默奉献，为学校的发展贡献着自己的力量。他们是师之楷模、明镜，他们是校之灵魂、灯塔。特别采访了在职教授，以追寻他们的优秀事迹，传承他们的敬业精神，并以此向学校60华诞献礼！

为人师表
呕心沥血二十年
——记经济管理学院陈跃雪教授

陈跃雪，北京市中青年骨干教师。1998年毕业于华东师范大学国际金融系。从教20多年来，主要致力于国际贸易、金融学方面的教学和研究。科研成果方面，她主持完成了"关于京郊农产品出口竞争力研究"等多项国家级、省部级科研课题；主持国际合作课题1项，并多次获得调研成果奖；主编了全国高等农林院校"十一五"规划教材《国际贸易实务》；在国内外期刊上发表论文50多篇，编著著作、教材20多部。

她是一名教师，栉风沐雨二十年。二十年，呕心沥血，没有原因，只是喜欢；没有借口，只是演绎；没有奢望，只是痴迷。星光下，舞动自己，和风一起徜徉；三尺讲台上，唱响自己，和心一起飞翔；岁月里，穿越坎坷荆棘，与梦一起前行。她，就是陈跃雪。

天色还早，陈教授便如约出现在了采访

地点。陈教授十分平易近人，很快就亲切地和记者聊起来了。

记者：老师您好，相信您一定从求学之时就怀揣着做一名人民教师的梦想，也为了这个梦想做了很多努力，能和我们分享一下您的大学生活吗？

陈跃雪教授（以下简称陈教授）：大学的时候，我像你们一样，也是怀着梦想和憧憬走进大学校门的。当时所想的就是，严格按照学校的教学安排进行系统的学习，一定要好好学习，要对得起父母、还有老师对我的那份辛苦。因为当时的生活还不像现在这么殷实，现在供个孩子上大学不是什么难事，可我那时候是相当于拿着国家的补助上大学的，所以格外珍惜学习的机会。当时我们学校的大环境就是这样的，每个人的想法都很朴素，就像那句话所说的："既然选择了远方，便只顾风雨兼程。"

记者：您今天所取得的成就肯定不是一蹴而就的，一定经历了种种坎坷，付出了很多别人无法想象的辛苦。那么，从离开大学校园，到走上工作岗位，到事业节节高升，您都做了什么样的努力呢？

陈教授：工作以后，我真正地感觉到了自己还是有很多应该学习的地方。只是在我们学校里，就可以说是人才济济，我个人真的是非常渺小。所以，在工作的过程中，我一方面教书育人，一方面改进和完善自己。当时我身边的很多老师，都是勤勤恳恳、兢兢业业，这就无形中给了我榜样的力量。学生方面呢，因为我刚从业的时候年龄和学生们差不多，他们都很活泼可爱，和他们相处像兄弟姐妹一样，我们就在这个过程中教学相长。而且，当我感觉到我能够在学习上帮

到他们些许的时候，我就觉得我的价值是真正地实现了，我已经在这个过程中得到了我想得到东西。同时，这些孩子身上也有我应该学习的品质，比如不耻下问，比如勤奋，还比如积极向上，时刻充满了斗志。我觉得到了工作这个阶段，学生们的成功已经是我最大的动力。所以，无论备课还是批改作业，不管忙到多晚，只要想起他们，我就浑身充满了力量。

记者：老师付出真的是最无私的，您对学生的爱也是最朴素的。您对教师这份职业是怎么看的呢？

陈教授：我的责任是教书育人，教书育人也给了我快乐，我感谢这份职业。对我来说，教师这个职业不仅仅是赚钱养家的工具，更是我一生的事业。不论什么时候，不论面对多少艰辛，它都让我觉得骄傲和自豪。生命不息，奋斗不止，我就是这么想的。

记者：由衷向您致敬。能和我们分享一下您和学生之间的动人故事吗？

陈教授：我不知道这个故事算不算感人，但对我本人来说感触是极大的。我的课程中，有国际结算那样一个模块，讲了信用证。然后我的一个学生，毕业了之后去面试的时候，领导就和他聊起了信用证这个问题，让他谈谈自己的想法。由于这个学生把我在课堂上讲的东西学得很扎实，所以他一下子就挖掘到了关于信用证使用过程中软条款的这个问题。当他聊到这个点上时，他们的领导当时就眼前一亮，因为别的应聘者只能聊到信用证一些很表面的东西，而他一下子就直奔深层。所以，当那个学生反馈给我，说我平时交给他们的东西，在他应聘乃至工作的过程中起到了很重要的作用的时候，那种兴奋真

的是难以言表的。我觉得这个感动真的是最深刻、最难忘的。

记者：那么，您对今后的工作有怎样的预想和规划呢？

陈教授：很简单，一是做好教学工作，做好科研工作；二是融入学校整体的奋斗目标中，努力争取更卓越的教学成果。对我来说，个人的荣辱和学校的荣辱是一致的。现在，每一个北农人都在为更名大学做各种各样的努力，所以不论学校对我有什么样的需要，我都会竭尽全力。

笔者感言：与陈教授的交谈虽然简短，却让我如沐春风。她的勤恳、她的朴素、她的无私，都让教师这个职业在我心目中的形象更加光辉。每一滴汗水，都是付出；每一点努力，都是感动；每一步成长，都是收获。十年树木，百年树人。陈跃雪教授二十多年来言传身教，步步的刻苦，滴滴的不容易，却走出了自己纵横于万般风景之上的多彩人生。

撰稿人：项　琳

蜡炬成灰 传道授业

——记经济管理学院邓蓉教授

邓蓉毕业于北京农学院农业经济系，1984年获农学学士学位，现为管理学博士、农业经济学教授、北京市教学名师、北京市优秀教师、北京市高校中青年骨干教师、北京市学术创新团队带头人，她还兼任中国林牧渔业经济学会常务理事、中国国外农业经济研究会监事、中国环境科学学会绿色包装专业委员会常务理事、北京农经学会理事。主要研究方向：畜牧业经济管理、农业多功能拓展。

她，管理学博士，农业经济学教授，从教30余载，始终坚守在三尺讲台……

她，北京市中青年骨干教师，北京市教学名师，北京市优秀教师……

她，出版教材及著作20余部，发表学术论文100余篇……

她，主持或主要参加国家级和省部级科研项目30余项……

作为一位学者，她刻苦钻研，兢兢业业，在学术的海洋中，扬帆远航，勇往直前。

作为一名教师，她悉心为学生指引方向；似无声的细雨，滋润着学生的心田，为学生传道、授业、解惑。

同时，做为一名科研工作者，她以严谨务实的态度踏实工作，热情总是那么高，对每一项所参与的研究项目都力求做得完美。

她，就是邓蓉老师。

从1984年毕业留校任教，她就扎根于北京农学院，30多年来勤恳工作，送走了一波又一波的毕业生。这些毕业生都在各自的工作岗位上为京郊农业与乡村发展做出了贡献。

书山有路勤为径，学海无涯苦作舟

在改革开放之初，邓蓉老师考入了北京农学院农业经济系学习。她曾说："在4年的学生时代，我的老师在非常简陋的条件下为我们营造了非常浓郁的学术氛围，教育我们热爱乡村和农业、追求科学和真理、仰慕学者和专家。"的确，正是怀着这样一种高尚的情操，邓蓉老师才能在教学的工作中始终踏踏实实，在学术的道路上不断耕耘、硕果累累。

从留校任教开始，她就将自己的青春奉献在这平凡的三尺讲台。在30多年的教学生涯中，她先后讲授过20余门课程，累计带过25届2 000余名学生。为了更好地教书育人，充实自身的专业素养，在刚刚留校的3年里，作为助教的她听完了全院所有老师的课程，使自身的知识面和学术视野更加开阔。授课之余，她就去图书馆查阅相关资料，丰富的知识储备为她今后的学术研究奠定了扎实的基础。

邓老师说过，30年的从教生涯就是一个不断学习、不断自我求新的过程。我们生活在科学技术日新月异的时代，无论是自然科学还是社会科学，知识的更新速度都是前所未有的，而高等学校理应处在学术发展的前沿。因此，高校教师必须不断学习，在学术上始终保持与时俱进。只有做到在学术上过硬，这样才能坦然地对学生，也才能完成好教书育人的神圣职责。抱着这样的态度，她于1996年从北京语言大学出国人员培训部英语高级班毕业，在1998年进修了中国人民大学工商管理硕士班的全部课程，并在2003年获得了中国农业科学院研究生院的管理学博士学位。

春蚕到死丝方尽，蜡炬成灰泪始干

学生时期的学习生活，培养了邓蓉老师事无巨细、严谨认真的行事风格以及善于换位思考和身临其境的思维模式。这为她从事教育工作奠定了坚实的基础。工作中的邓蓉老师秉持着学生时期培养成的勤奋、乐观和

治学严谨，她与人交往真诚厚道、谦逊朴实。

邓老师说过："回顾从教的30年时光，从与学生年龄相仿到今天与学生的父母年龄相仿，我始终认为要做好的教师首先要做学生的朋友，教学是师生互动、教学相长的过程，沟通良好才会有好的教学效果，耐心倾听同学们的问题和质疑才会不断提高自己的教学水平。从心理上尊重每一位同学、主动与每一位同学平等交流，这是引导和教育学生的前提，我始终坚信，好的教师面对任何学生都可以有所作为。"

正是抱着这样一种和学生平等交流、耐心倾听的态度，才能使邓蓉老师和学生之间容易产生心灵的共鸣。对于每一位学生，邓老师都真诚相待，只要学生有什么困惑跟她提出，不管是生活上的、还是学术上的，她都总是面带笑容不厌其烦地回答。她乐于帮助每一个学生解决他们人生中的难题，给他们在迷茫的道路上带来指引。对于经济困难的同学，她主动承担购买教材的费用，还通过吸收经济困难的同学参与科研活动，以支付劳务费的方式解决学生的经济问题。她认为，相对于直接捐助而言，这样可以避免对学生自尊心的伤害，而且还有助于培养学生的自尊和自立意识。

她讲课生动有趣、表情丰富、语言生动感人，能充分调动学生积极思考。课上课下她都会积极主动地与学生交流沟通，特别关注学生在学习中出现的问题，并有针性地在授课中进行引导。为了提高课堂教学效果，激发学生的学习热情和积极性，邓蓉老师率先在20世纪90年代初开始尝试案例教学，并花费了大量的精力收集案例资料，经济管理学院最早的音像案例资料绝大部分是由她收

集而来或是由她推荐购买而来的。

桃李不言，下自成蹊。邓蓉老师在30多年的教学之路上所取得的成绩是大家所公认的，她不但自己不曾出现过任何工作上的纰漏，而且还尽力帮助同事避免工作上的失误，因而获得了同事和学生的一致好评。但她还是常常谦逊地说："我真的很幸运，是北京农学院所有的领导、教师和学生一起构筑了一个和睦的大家庭，身在其中让我感到了相互的关爱、青春的朝气和蓬勃向上的激情。"在获得"北京市教学名师"的获奖感言中，邓老师说："应该享受这份荣誉的不仅是我个人，北京农学院具备资格和达到教学名师水平的教师人数众多，我只是其中的一员，这一荣誉属于这个群体，更属于北京农学院。"

正是怀着这样一种谦卑的心态，才让邓蓉老师在人生的道路上不断获得佳绩。如今的她早已是桃李满天下，学术成果也颇为丰硕，在学术同行中也有了一定的威望。从18岁怀揣梦想踏入学校，到现在年逾50岁依然静守校园、辛勤耕耘，这三尺讲台写满了她对教育事业的无限热爱。

粉墨无言写春秋，大爱希声铸师魂

对于学生来说，邓蓉老师是一名热爱教育事业的可敬教师，是一位引导人生道路的心灵导师，更是一个充满热情而又善于倾听意见的朋友。她讲课生动有趣、表情丰富、语言生动感人，能充分调动学生积极思考。课上课下她都会积极主动地与学生交流沟通，特别关注学生在学习中出现的问题，并有针性地在授课中进行引导。她在食堂吃饭的时候总是喜欢和学生在一起，了解他们的所思、所想，之后再有针对性地引导。邓蓉老师说："老师没有办法选择学生，适应学生很重要。要经常反思自己、调整自己，耐心地和学生沟通交流，教学本身就是一个师生互相沟通的过程。"

除了教学以外，科研也同样是邓老师事业的重要部分，她长期致力于畜牧业经济管理和农业多功能拓展研究，主持了国家社会科学基金项目等几十项科研项目，主编和参编的教材有10余种，出版的学术专著也有10余部，在专业领域发表学术论文百余篇。

参加学术会议、调研、实地考察成为她每项研究成功的法宝。在研究畜牧业经济管理的过程中，邓蓉老师基本上参加了所有与畜牧业经济管理相关的学术研讨会，抓住每一次与行业领导、专家交流的机会，全方位地了解这个行业。一年、两年……邓蓉老师一坚持就是十几年，现在谈到相关领域的任何一个问题，邓蓉老师都会从自己的角度，提出有理有据的结论。去任何一个地方开会，邓蓉老师都会去当地的农贸市场，看一看畜产品的价位、和摊贩聊聊天，了解他们的货源和经营状况，了解国家规范、规章制度执行的程度等。邓蓉老师出差回来经常会说："开完会后别人在逛街，我却在逛农贸市场。"

干一行，爱一行。邓蓉老师30年来兢兢业业，对待工作认真细致，对待前辈心存感激，对待学生亲如子女。明天对她来说又是新的未来，更远的明天她还有更多的期待！

撰稿人：学生记者

三十余载乡村爱 一片痴心教育情

——记经济管理学院李华教授

李华，1962年出生，中共党员，教授，硕士生导师。现任北京农学院经济管理学院院长、北京市新农村建设研究基地代理副主任。先后主讲村镇规划、农村社会学、公共关系学、农村公共管理、中国农村发展历程、农业推广学、农学概论等本科生课程和农业科技与"三农"政策、农村社会学专题等研究生课程；主要从事农村人力资源开发与农民教育、农产品品牌与市场营销、现代农业园区建设、农村公共管理、农业项目管理与投融资评估、农业推广与技术中介等工作。

做一名"接地气"的教授

在人们的印象中，大学教授应该站在讲台上，或者呆在实验室里。那么，李华教授为什么要跑乡镇，而且一跑就是32年？"农科院校的教师不仅应该完成教学科研任务，更应该到基层中去，到农民朋友中去实践。这是我们学科的特点所决定的。"李华教授说。

他是一位勤劳的农经教授，用32年的时间跑遍北京市1 200多个村庄。他是一位"接地气"的农业教授，他每到一个村庄，手把手教农民新技术，耐心指导。在李老师办公

桌后面的墙上，挂着一幅巨大的北京市地图，不同颜色的记号密密麻麻，标注在郊区的各个乡镇和许多村庄上。这些标注记录了李华教授32年跑过的地方：北京市181个乡镇以及1 200多个村庄，占到北京市村庄总数的30%。现在，他还在跑村庄。平时李老师聊起自己下乡的感受："我特别喜欢下乡，现在如果一周不下乡，就觉得缺点什么。"他幽默地把下乡的好处归结为"四养"：一是"养眼"，下乡可以看到青山绿水和各种绿色植物；二是"养鼻"，在乡下可以呼吸清新的空气，内心也感觉舒服；三是"养耳"，乡下没有城市的喧闹，

耳朵也能图个清静；四是"养心"，农村是个大课堂，可以从农民朋友和生产实践中学到校园里学不到的知识，丰富和完善自己的知识体系，实现自己的人生价值。

干一行，爱一行

1980年，李老师报考北京农学院，上了农学专业。大一下半年，学校就开始组织农业科研兴趣小组，他迫不及待地跟随教授在校内的一块农田里研究起甘薯，3年下来，他们终于种出了一个高近1米、直径40多厘米的大白薯，重量达到131斤，创造出学校单薯的最高纪录，还在《北京农业》杂志上发表了论文。

李华的第一次长期下乡是1983年9～10月的首次毕业实习。他跟随北京市农林科学院的研究员进行水稻育种实习，几乎每天光脚下到水稻田里观察。1984年3月，李华把第二次毕业实习的地点转移到北京市昌平区沙河镇松兰堡村，在这里从事中低产田的开发研究，在老师的指导下，一住就是一年半。在此期间，他跟着老师几乎跑遍了所有区县，他们的晚播小麦研究成果还获得北京市科技成果奖一等奖、国家科技进步奖三等奖。

1995年，由中国农学会最先倡导的科教兴村活动在全国如火如荼地开展起来，北京农学院作为最先响应的农业院校之一，派出大量教师深入北京市郊区进行科教兴村。李华兴奋得几乎睡不着觉，第一时间积极投身该项活动，还被学校任命为科教兴村办公室常务副主任。

这期间，他跑的村子连自己都数不清了。由于在这方面的突出贡献，他还被农业部聘为全国科教兴村专家，2003年被14个部联合授予全国科技文化卫生"三下乡"先进个人。开始面向全国的农村做指导，并执笔起草了全国哲学社会科学规划办公室重大项目子课题报告。

但尽人事，莫问前程

李华最得意的下乡成果是参与平谷大桃产业的开发，最难忘的是4年骑坏6辆自行车的下乡经历。而经常下乡，有时候也会遇到一些"麻烦"。

李老师回忆说，最惊险的一次下乡是2012年7月的一天，到延庆县井庄镇讲授"农产品营销与品牌建设"后，没顾上吃午饭就到千家庄镇指导，并独自驾车往回赶。当行驶到接近延庆县四海山区最高峰时，乌云忽然压过来，天气立即变黑，伸手不见五指，即使打开全部大灯，能见度还不到1米。

"我就这样战战兢兢摸索了半个小时，终于翻过山梁，驶出黑云，这才看清道路。当时如果对面有辆车逆向过来，非出大事不可，想起来还真有点后怕。"他说。

2010年5月15日，在北京举行的全国科技活动周暨北京科技周开幕式上，李老师身披绶带走上主席台，接受全国科普工作先进者的奖牌和证书。32年来，李华将"只要肯付出，就会有收获"作为自己的座右铭，先后参与完成了"北农系列小麦""京农系列红小豆""中首系列牧草新品种"等作物新品种推广以及"设施桃、葡萄、杏栽培技术推广"等，创造的经济效益超过3亿元。他还先后为20多个村庄执笔起草了总体产业规划、科普基地规划和新农村建设规律等，为这些乡村的可持续发展指明了方向。

李老师认为，下乡要避免盲目性，防止

眉毛胡子一把抓。他常说："大学里有比自己学问高、水平高的人，农村也有比自己学问高、水平高的人，只有虚心学习，才能更快成长。"

年过半百的李华教授下乡的劲头丝毫不减当年，他说："北京市我还有2 700多个村没有跑到，还要继续走下去。"

全心全意，尽职尽责

李华老师授课时总是能将所讲内容绘声绘色地表现出来，他深入浅出地把许多难懂的概念解释得浅显易懂，让很多跨专业学习的学生学起来一点也不困难，非常轻松就搞懂了课本里面的难点与重点。李老师上课生动活泼，把书本上刻板的知识活灵活现地展示在了学生的面前，把学生带入了知识的殿堂中畅游，不知不觉就到了下课的时间。李老师认为，授课是教学相长的过程，通过授课可以找到自己的知识盲点，在教人的同时也弥补了自己的不足。

在经过对李老师的采访之后，可以用这样几个词来概括李老师对待教育的态度：敬业、认真、主动、及时、落实、细微、责任和进取。对待工作聚精会神、全心全意，不糊弄一件事，主动做事，比别人多做一点的同时努力把工作落实到实处，注意每一个细节，再小的事也不敷衍，尽职尽责，给别人努力奋进的身影，树立起模范带头的榜样！

踏踏实实做人，认认真真做事

他每日执着于学术研究，他每日往返于教室和会议室之间，他每日牵挂乡亲们的收成如何，他工作的这份热情和敬业精神感染着学生、鼓励着学生，他给予学生的建议，意义深远。同时，他告诉学生在校期间一定要抓紧时间，踏踏实实地做学问，认真听好每一节课。"三人行必有我师焉"，他说一定要多向老师，身边的同学学习，以取人之长、补己之短。大家的智力并没有很大差别，而真正决定你能否坚实走过这段至关重要的人生阶段的，正是你是否能做到心无旁骛地去投入、去追求。无论是学习还是科研，都应该是一个享受的过程，享受不断超越自己的喜悦。用真诚面对生活，用激情拥抱梦想。

撰稿人：学生记者

尽心尽力 教书育人
——记经济管理学院李瑞芬教授

李瑞芬，1966年出生，管理学硕士，教授，硕士生导师。中国乡镇企业学会学术委员会常务理事，中国会计学会理事，中国农业会计学会理事，北京会计学会理事，北京农业经济学会理事。主要研究方向：农村发展、农村财务和农民专业合作社。

教育之路 严谨倾神

李瑞芬教授于西北农学院（现西北农林科技大学）农经系，获得学士学位；于中国农业大学经济管理学院，获得管理学硕士学位。1991年7月，李老师到北京农学院任教，主要承担会计学原理、中级财务会计、会计实务、成本会计、农业技术经济、银行会计等本科生课程和财务管理与分析研究生课程的教学任务。

李老师不仅仅"传道、授业、解惑"，还"以人格来培养人格，以灵魂来塑造灵魂。"作为一名教师，她爱护学生、尊重学生，认真授好每一门课。她逻辑缜密、用词准确、

表达清晰，声音铿锵有力。每一次课堂上的精彩讲解都深深吸引着在座的每一位学生，治学严谨的李老师给学生们留下了深刻的印象，深受学生们的喜爱。

自从步入教师行列那一刻起，李老师就全身心投入这一光辉、最伟大的事业当中，一晃就是20多个春秋。这里包含了她的喜怒哀乐，刻载着她每一步坚实的脚印。在这20多年里，李老师在教学上取得了诸多硕果。经过多年的教学实践，她积累经验，精心编制适合学生的教材。2011年，她所编制的《会计学原理》一书获全国高等农林院校优秀教材奖第一名。她不但重视教学，还非常注重培养学生实践应用能力，注重教学与实践的

联合。2008年，"走进会计实务"获北京市高等教育师资培训中心、北京市首届多媒体教育软件大奖赛第一名的好成绩；2012年，"会计学教学实践与探索"获北京农学院教学成果奖三等奖等。

科研之路　拓展提升

科研是教学的基础与保证。在认真完成日常教学工作的同时，李瑞芬老师克服多种困难，积极拓展专业基础知识，关注学科发展的前沿动态，努力提高自己的科研能力和业务水平，不断提升自己的理论修养。

由她主持的项目有农业部软科学项目"农民专业合作经济组织的组织类型和管理模式研究（编号：0424-2）"、朝阳区委托项目"农村财务管理问题研究——村账托管问题研究"、国家发展和改革委员会产业经济与技术经济研究所委托项目"农业产业化问题研究"等。由李老师主要参加的项目有教育部项目"农业现代化进程中农民适应性研究"、农业部软科学重点课题"农业社会化服务体系、农产品市场体系、农业支持保护体系建设目标模式研究"、科学技术部项目"关于我国县域经济发展问题研究"等。除此之外，李老师还编著书籍多本、发表论文多篇。

一路走来，凝聚着李老师辛勤的汗水。这汗水挥洒的是执着，辛勤书写的是责任，为教育事业、科研事业和农村发展的默默付出。这些优秀的成果的取得，与李老师不辞辛劳的奋斗密切相关。还记得她带病坚持上课、坚持做科研。"衣带渐宽终不悔，为伊消得人憔悴。"这就是您对做学问、做科研的一丝不苟的态度。

党员之路　朴实持身

她是千万教师中的一兵，就像星辰属于夜空，草木属于大山。讲台上的她，用青春和热情，去坚持、去探索、去磨炼。学生把她写进了日记，记录了她辛勤工作的点点滴滴；多少个黎明，牵着朝霞做伴；多少个黄昏，踏着晚霞回还。滴滴汗水中，把教书育人的天职谨记；满天夕阳里，只有对学生的殷殷期盼。

她是生活在我们身边的共产党员，她用自己最朴实平凡的行动讴歌着共产党员的灵魂，树立着共产党员的光辉形象。她的先进事迹和崇高精神，生动地体现了共产党员人的本质特点、体现了共产党人的先进性。她自觉在艰苦奋斗的实践中锤炼坚强的党性，始终保持共产党人的蓬勃朝气、浩然正气。

作为一名共产党员，她有着强烈的责任感。在教学中，为了学生能够更好地接受知识点，她收集资料，并做出尝试，希望既能提起学生的兴趣，又能培养学生的自学能力。与此同时，注意收集整理学生对教学的反馈意见。因为学生是教学的直接施予对象，学生听懂与否、学到与否是教学质量的直接反映。所以，她在完成教学任务的前提下，尽量满足学生对于教学上提出的要求。

作为一名教师，她注重师德，学风严谨，一丝不苟；把教书育人贯穿于整个教学工作中。以"八荣八耻"作为行动的指南，在学习中改造自己的思想，提高政治觉悟，树立正确的人生观、世界观，扎扎实实地做好本职工作，教书育人。

由于她辛勤地付出、扎实地工作，学生们的学习热情提高了。在她从事教学工作的时间里，李老师一直工作在教育教学的第一线，兢兢业业、结合工作不断探索，备好每一次课，讲好每一次课，以自己的实际行动努力实践崇教厚德、为人师表的信念。思想上、行动上都与党的路线保持一致，忠诚党的教育事业。无论在教学上还是科研上，都成功诠释了"共产党员"这一光荣称号。平凡的工作见证了一名教师对党的教育事业的忠贞。她的无私奉献让我感动，她用实际行动阐述"一片丹心育桃李，满腔热血写华章。""春蚕到死丝方尽，蜡炬成灰泪始干。"

未来之路　传延昌盛

当谈到她对未来的畅想时，李老师希望教育出更多的优秀学子，让每一位学生传递着老师手中的接力棒，为我国农业经济的发展做出应有的贡献。中国是一个农业大国，农业在一个国家具有基础地位和战略地位，国以民为本，民以食为天，食以农为基。在我国当前的经济形势下，对农业经济的做贡献不仅惠及亿万百姓，还可以兴国安邦。

李老师对待工作的热情和兢兢业业的精神深深感染着我们、鼓励着我们，她给予我们的建议和嘱咐，意味深长，耐人寻味。她告诉我们，在校期间一定要抓紧时间，充分利用学校良好的教学资源及便利条件，踏踏实实地做学问。知识的积累是一个积少成多、聚沙成塔，是从量变到质变的过程。

最后，我想说，每一条小路都有它的起点；每一条江河都有它的源泉；每一座大厦都有它的根基；每一个人，都曾有恩师相伴！感动你我那真情，是老师的传道、授业，是老师的教诲、叮咛，是老师的批评、怒斥，是老师的呵护、引领。

撰稿人：学生记者

无声润物三春雨
有志育才终不悔
——记经济管理学院何忠伟教授

何忠伟，1969年出生，中共党员，管理学博士，经济学博士后，教授，硕士生导师、博士生导师，获得享受国务院特殊津贴专家、教育部新世纪优秀人才、北京市中青年社科理论人才"百人工程"学者、北京市"长城学者"、北京市高校优秀党员、北京市高校教育先锋、北京市师德先进个人、第七届首都民族团结进步先进个人等荣誉。现任北京农学院研究生处处长，兼任中国农业技术经济学会副秘书长（常务理事）、中国农业经济学会理事。

严谨为学　探索真理之路

作为一名科研工作者，何老师坚持以勤奋、严谨、诚实的态度探索真理。他不仅将科研作为工作，更是作为一项肩负的使命。他孜孜不倦地工作，将自己的满腔热忱投入农业经济研究当中，为都市型现代农业、农业技术经济的发展贡献了自己的青春和智慧。

何老师先后在《管理世界》《中国农村经济》和《农业经济问题》等各级刊物发表论文180多篇；主持国家社会科学基金、国家自然科学基金、中国博士后基金、教育部人文社会科学基金、教育部重点项目、农业部软科学项目、北京市哲学社会科学重点项目、北京市自然科学基金等各级课题40项；荣获北京市第十三届哲学社会科学优秀成果奖二等奖等各级奖励15项；撰写《北京沟域经济发展研究》《京郊生态经济发展研究》等专著16部，主编《微观经济学》《宏观经济学》和《农村发展经济学》等教材6部。

马克思曾说："在科学上没有平坦的大道，只有不畏劳苦艰险沿着陡峭山路攀登的人，才有希望达到光辉的顶点。"何老师就是一个在科学的道路上不畏艰险前进的人，他的智慧和勇气以及对农业的热爱，给了他力量，使他取得成功。但是，在何老师自己看来，这些成果只代表过去，将来还要更多的努力与坚持。这样的执着于追求真理的老师，怎能不让人敬佩与爱戴？

潜心树人　根植育人情怀

作为一名教师，何老师一直在教育这片土地上辛勤耕耘，从不停歇，即使担任再繁重的行政工作，也依然坚持站在教书育人的第一线，因为他坚信教师的本职工作是育人。他主要为本科生讲授微观经济学、宏观经济学、农业企业经营管理学、发展经济学、农业政策与法规等多门课程，为研究生讲授中级宏观经济学、经济学研究方法论等课程。

"作为一名教师，就应该有博大的爱心，不仅要关心学生的学习，还要关心他们的生活；不仅要能传授给学生知识，还要帮助他们学会如何做人。"这是何老师时常挂在嘴边的一句话。他这样说，也是这样做的。

在课堂上，他力求把课讲"活"、讲"新"，在主讲微观经济学、宏观经济学等主干课程中，经常将新观点、新看法引入课堂，严谨而不失活泼，准确而又有新意。这样治学严谨、讲课生动的何老师，怎么能不受学生的喜爱与尊敬呢？

在学习上，何老师对学生传道授业解惑，给学生以理解和信任，激发学生的创造潜能。他十分注重将教学、科研和社会服务三者融入"人才培养"这一中心任务之中，把学生引入科研课题之中，培养学生的创新意识和科学研究能力。不仅如此，他针对本科生和研究生的学业特点，在学科教育中实施了"特色农经行动计划"和"创新农经行动

计划"，鼓励学生们深入京郊调研，培养他们学农、爱农、服务于农的情怀。

在生活中，何老师始终心怀爱心，关心学生，帮助学生解决生活中遇到的困难。学生们都说："何老师不仅是我们的老师，还是我们生活中热心的朋友，更是我们人生路上的引路人。"

2008年，他主动担任了农林经济管理专业两个班的班主任。他认为作为班主任，必须具备爱心、耐心和进取心。要有博大的爱心，不但要传授他们知识，还要帮助他们学会如何做人；不仅要关心他们的学习，更要关心他们的生活。要有足够的耐心，一个班级的学生既有学习能力较强的，也有学习能力相对薄弱的，而作为班级管理的主要成员——班主任，不能因为学生成绩不好或表现不好而放弃对他们的培养与转化。同时，要善于发现、捕捉他们身上的闪光点，哪怕是如萤火的闪光点，也要大力表扬鼓励。他还经常自己开车带着班干部走访一些学生家庭，走进他们的生活空间，化解心中的困惑。他经常用身边的优秀事迹去激励学生，要他们树立远大理想，不断努力进取、努力奋斗。

一份耕耘，一份收获。在何老师的关心和指导下，他所带的两个班形成了良好的学风和班风。其中，2008级农经2班被评为学校先进班集体，2008级农经1班被评为学院优秀班集体。同时，他还指导了14名本科生的毕业论文撰写，其中4人的毕业论文评为优秀，4人获得市级优秀毕业生称号，3人获得校级优秀毕业生称号。毕业生签约率、就业率均为100%。2010年，他被评为"北京农学院就业工作先进个人"。在历次教学测评中，学生们都给予其很高的评价，并多次得到学校督

导组的表扬。

目前，何老师已指导14名研究生毕业，其中4名研究生攻读博士学位，他们都在各行各业上发挥自己的作用。现指导8名研究生，他们都进入了科研团队，承担了一些研究任务，已发表论文12篇，撰写调研报告10份，参编5本书籍。

着眼未来　搭建育人平台

何老师先后担任过经济管理学院院长、总支书记，为了树立良好的学风和教风，营造良好的育人环境，在学院大力推进管理科学化、制度化建设，增强服务意识，改进工作作风和提高工作效率。

以学科平台建设为抓手，充分发挥全体教职员工的积极性，加快学院基本设施建设、师资队伍建设、学科专业建设和规章制度建设的步伐。除此之外，还制定了学院各项工作的"折子工程"，发布了《北京农学院经济管理学院制度汇编》、修订了《经济管理学院廉政制度汇编》，制订了经济管理学院绩效工资实施方案、经济管理学院博士学位论文出版资助办法、经济管理学院科技创新团队支持计划管理办法等。规范化的管理制度成为经济管理学院的各项工作不断上台阶、上水平的重要保障，有力地推动经济管理学院各项育人工作的有序开展。

何老师注重实践性教学，大力加强实验室建设，筹建了"金融期货模拟实验室"、建成"现代服务业综合实训平台"、"财务会计综合实训平台"、"国际贸易综合实训平台"，购买相关软件30多个，为学院实践教学体系的搭建奠定了良好的软硬件条件。同时，积极构建师资培养机制，不断加强师资力量建设。通过"经管论坛"、"经管名师讲坛"、国内外进修培训，尤其是科研创新团队、教学团队的建设较好地优化了学院师资结构。先后主办"中国农业技术经济研究会学术年会"、"农业科技创新团队建设研讨会"和"北京沟域经济发展研究研讨会"，已连续4年主办"中国园艺产业技术经济研讨会"，提高了学院的学术社会影响力。

担任北京农学院研究生处处长后，何老师认真落实学校第三次党代会提出的奋斗目标，坚持"务实、高效、合作"的工作理念，切实提高管理能力与服务水平，大力推进学校学科建设和研究生教育各项工作，积极推进研究生教学的国际化和社会化，先后与英国、波兰、日本等国家的多所高等院校开展研究生联合培养和交流学习项目，与北京市农林科学院、首农集团、顺鑫农业、大北农集团等科研院所、企业和非政府组织建立了研究生联合培养与科技合作关系。目前，学校研究生1 000余人，其中全日制在校研究生660人。瞄准国际前沿，适应国家需求，研究生处正在推进素质课堂改革，目前已有84位专家学者应邀讲学，开阔了研究生们的视野，改善了知识结构，极大地提高了研究生们的学习兴趣。

作为何老师的学生，有更多机会听到何老师的谆谆教导。他常常告诫学生要心怀大志，不要在意眼前的蝇头小利；要着眼于未来，不要总抱怨眼前的小事。只有目光长远，才能赢在未来。

这就是何老师，一个把农业经济探索当作自己的使命，把育人当作生命的责任，把北农当作奋斗的热土的人。他是一名科研工作者，是一名人民教师，更是一名实干家！

撰稿人：张　振　康海琪

专注耕耘 随缘收获
——记经济管理学院刘瑞涵教授

刘瑞涵，1967年出生，管理学博士，教授，硕士生导师。现任北京农学院经济管理学院市场营销系主任、北京市中青年骨干教师、中国市场学会理事、现代农业产业技术体系北京市创新团队专家组成员。硕士研究生招生方向为"农产品市场与政策"。

自1990年从中国农业大学毕业并来校任教至今，从事教学、科研及服务社会等工作已有26年。在学校和学院各级领导的关怀和帮助下，刘老师坚持以党员标准要求自己，牢固树立务实奉献为首的人生观、敬业慈悲为怀的价值观。始终把实践"科教育人"放在首位，从一点一滴、认真扎实地做好每一项工作起步，尽心尽力地践行自己的信仰，并在与校内外师生的互帮互学中，不断提升自己的思想觉悟和业务水平。

教学上，主讲的课程包括中级微观经济学研究生课程，农产品营销学、营销调研、市场营销综合实践、市场营销学、经济法和农业技术经济等本科生课程。

科研上，主要以果蔬等园艺产品和粮经作物等植物类农产品营销、农业技术经济和产业经济为主。先后任叶类蔬菜（2012—2013年）和粮经作物（2014年至今）产业技术体系北京市创新团队产业经济岗专家。多年来，主持完成省部级、各级政府部门和企事业单位研究课题多项。先后曾经在《中国农村经济》《农业经济问题》《农业技术经济》《财贸研究》《商业研究》和《生态经济》等国内核心学术期刊、国际学术会议和其他期刊上公开发表论文30余篇，出版第一作者学术专著4部，研究成果曾获得过北京市科学技术奖二等奖1项。

服务社会方面，结合科研调研和公益活

动服务京郊的"三农"事业。刘老师曾作为北京市委组织部"人才京郊行"项目挂职专家，以项目申报及引进方式，为密云区农民专业合作社服务中心在软件管理服务及农产品营销硬件平台条件的建设上，贡献了自己的力量。近年来，结合农业产业技术体系北京市创新团队产业经济工作以及学校科技处帮助建立的教授工作站，刘老师多次面向京郊普通农户、合作社理事长及其各级管理者、农产品专业生产大户以及农业龙头企业管理者，开展有关农产品营销、目标管理、农产品电商及微商营销等系列专题培训，接收培训者达上千人次，培训效果受到各方面好评。同时，在帮助农业生产经营主体开拓农产品营销渠道、为企事业单位开展管理咨询服务等方面，也深入实地做了大量力所能及的工作。

甘愿做一颗平凡的螺丝钉

刘瑞涵老师在自己20余年的工作生涯中，以植物类农产品及其相关产业经济为研究对象，调研足迹遍布京郊。2012年，入选叶类蔬菜产业技术体系北京市创新团队，担任加工流通与产业经济研究室合作专家；2014年，调整到粮经作物产业技术体系北京市创新团队，担任综合评价及产业经济研究室主任。在创新团队的工作中，刘老师密切与团队成员合作，从贴近农户访谈、深入企业与合作社调研，到团队资料和调研数据的整理、调研报告和任务规划书的撰写等各个环节，每一步都认真地履行着自己应尽的职责。刘老师微笑着告诉我们："我是善于在小事和细节上较真的人。"愿意从最小的事做起，对工作总是很较真的她，力求把分内工作做得细致、做到最好。在她眼中，脚踏实地的付出比虚空上的舞蹈更为饱满、更为坚实。不求鲜花与喝彩，不求赞赏和仰慕，她只希望自己在团队中做一个最平凡的螺丝钉，也愿意在团队中做一个尽力配合他人工作并为他人鼓掌的人。在创新团队和校内外的科研、教学与培训等工作中，她始终愿意"学任何人的每一个优点，不断反思与弥补自身不足"。

深信人心齐，泰山移

在创新团队的工作中，她一直强调，团队成立之初的大量调研和实地考察，以及后续的调研报告撰写及任务规划的制订与论证，之所以没有想象中的那么难，主要归功于首席专家的统筹布局、团队成员间的齐心协作以及团队内部健全的层级系统。她觉得，正是因为团队的整体作战保驾护航，团队任务才能完成得比较顺利。她介绍到，创新团队分为首席专家、产业技术功能研究室、综合试验站和农民田间学校工作站等层级。其中，4个功能研究室包含了品种选育、栽培与设施设备、病虫害防控与产品安全以及产后的加工与流通等与农业产业链相关的所有环节。调研中，由于团队有首席专家的统筹规划，各个岗位专家各司其职，任务分解责任到人，加上综合试验站和农民田间学校工作站的积极协调与配合，提高了调研的针对性和工作效率。她说，调研中自己走过的每一条山路，跨过的每一条河流，都凝聚了团队成员在前方披荆斩棘、铺路搭桥的心血。

她告诉我们，群策群力是面对困难最为有效的办法。因为创新团队层次分明，所以每个专家又自成一个小团队，遇到问题时，就可以依靠身边的资源和力量去做相关工作，共同商讨，就会多一些解决问题的方法。在团队中，大家拥有集体的共同目标，又有各自的小目标，齐头并进，合作共赢。正所谓"积小流成江海，积跬步至千里"。

只求尽心，但愿无愧

在创新团队完成前期调研和主要任务规划之后，接下来的工作重点将转向解决重点问题上。调研发现，北京农户受文化程度较低和年龄较大的影响，接受新事物的能力十分有限，多数还习惯于在产地就近被动销售产品，主动开拓市场的能力和条件极其有限。价格不理想甚至不能及时销售等问题，仍是困扰农民实现稳定收益的主要难题之一。如何从宏观和中观上探索出不断优化的农业支持政策，从微观上帮助农户等生产经营主体准确选择目标市场以及适宜的销售路径，是团队产业经济岗位专家面临的主要任务之一。

刘老师坦言，作为一名科教工作者，提升自我思想素养和专业水平的道路是永无止境的。学校有许多优秀教师都是值得她虚心学习的榜样。面对自身尚存的不足，今后需要进一步全面提高自己的思想境界以及教科育人和服务社会的能力。面对自己所担负的教学、科研工作及社会服务责任，她不敢有一丝懈怠。她相信，虽然前方还任重道远，但只要用心务实、有高度的责任心和奉献精神，就会面对自己的职责交出无愧于职业要求的合格答卷。

撰稿人：学生记者

崇教厚德 润物无声

——记经济管理学院隋文香教授

隋文香，1962年出生，教授。1984年毕业于北京农学院农业经济系，获农学学士，曾一直担任中国农业经济法研究会理事。并于2000年被聘为中国农业经济法研究会学术委员会委员，致力于与农业有关的知识产权、农村集体土地等相关农业法律研究。从教30年，认真履行教师职责，在教书育人方面取得了一定成绩。

教育之路繁星烁烁

隋老师于1980年有幸参加了恢复高考后的第一届高考，考入北京农学院，学习农业经济管理。在当时，管理专业很少，由于正好赶上改革开放，因此国家比较重视管理，学习这一专业赶上了时代的步伐。在4年的学习中，农村经历了家庭承包经营等几大改革，对于学习农业经济管理的学生来说，具有重要的影响。4年的时间匆匆而过，1984年她顺利拿到学位并留校任教，将自己的青春奉献在这平凡的三尺讲台。为了更好地教书育人，隋老师不断加强自身的专业素养，孜孜不倦地学习再学习，在任教之后继续进修经济法，并考取了中国政法大学的第二学士学位。在中国政法大学两年的学习期间，不仅成功获得第二学士学位，而且勤勉、智慧的她同时获得了律师资格认证。

进修完毕，隋老师继续回到学校任教，将自己所获得的新知识毫无保留地传授给每一位求知若渴的学生。学校在后来新增了保险法这一门课程，希望由隋老师来教这门课，隋老师义无反顾地接受了。为了让学生们对保险法了解得更透彻、更具体，隋老师毅然放弃了暑假的休息时间，自费到保险公司接受相关的培训。"要想给学生一碗水，自己必须先有一桶水"，这是隋老师一贯坚持的理念。她是这么想的，也是这样做的。

隋老师认为"教书育人"应当坚守三点：第一点是热爱，热爱教师职业，热爱教师职业的灵魂就是爱学生。爱学生的灵魂是尊重，要尊重学生应当做到：尊重学生的差异和潜能；真心地赞美、肯定和给予朋友般的平等之爱。第二点是责任，教书育人是教师的责任。十年树木，百年树人。在漫长的育人之路上，教师来不得半点功利。无论社会多么浮躁、功利；无论考核制度如何指引，必须坚守我们的职业责任。第三点是勤奋，勤奋就是做到"学高为师，身正为范"。不断提高业务水平，不断提高自己的修养。让自己的"一桶水"成为源源不断的"活水"；修炼自己的一言一行，率先垂范。具体而言就是要把握学科前沿知识、运用科学教学方法、将一言一行和学识融入每一节课。

治学严谨的隋老师给学生们留下了深刻的印象。在一次学校组织的研讨会上，由隋老师主讲的关于地理标志保护的报告，逻辑缜密、通俗易懂、清晰明了，铿锵有力的精彩演讲震撼着在座的每一位听众，听众们肃然起敬的情绪油然而生。俗话说得好："台上一分钟，台下十年功。"这与她多年的潜心学习研究密不可分。隋老师从一名北京市青年骨干教师晋升为副教授、教授，1994年以来，一直担任中国农业经济法研究会理事。2000年，聘为中国农业经济法研究会学术委员会委员。

一路走来，凝聚着辛勤的汗水。似乎这一切都是那么的顺其自然，然而，辛勤挥洒的是执着，汗水写就的是忠诚。为教育事业和农业经济发展的无私奉献无不反映出作为一名共产党员对党的无比忠诚和赤子之心。

科研之路硕果累累

性格开朗、笑容可掬、谈吐优雅的隋老师，既散发着一种女性坚韧的光芒，又彰显着教师的风采和学者的风范。

除了教学以外，隋老师还坚持不懈地做科研，主要致力于与农业有关的知识产权、农村集体土地等相关农业法律研究。一直以来坚持严谨的科研精神、踏实的工作作风，大部分的科研数据都是一手采集，因为她觉得尽管可以在二手资料上进行深一步的研究，但总是觉得像空中楼阁，心里不踏实，正是这种严谨的治学态度成就了卓越。隋老师在《中国律师》《现代法学》《科技与法律》和《中国种业》等核心杂志上发表过《试论抵押权登记》《植物新品种名称若干问题研究》《国际植物新品种保护公约有关育种者权利保护规定的变化及对我国的启示》《种子经营许可证发放条件的法律思考》《地理标志保护的法国模式与美国模式之比较分析》《完善集体土地所有权，推进社会主义新农村建设》和《运用地理标提高农产品的竞争力》等30余篇文章。并参加多本书的编写工作，科学研究硕果累累。

未来之路磐石定定

当谈到她对未来的畅想时，她说将会一直扎根于北京农学院，从事教学工作，同时将结合学校的办学特色潜心地做研究。隋老师简单的话语里没有豪言壮语，但我们知道，隋老师希望教育出更多的优秀学子，让每一位学生传递着老师手中的接力棒，为我国农业经济的发展做出应有的贡献。我国是一个农业大国，农业在一个国家具有基础地位和战略地位，不仅具有经济功能，还具有社会功能、政治功能。国以民为本，民以食为天，食以农为基，对农业经济的卓越贡献尤其在我国当前的经济形势下不仅惠及亿万百姓，还可以兴国安邦。

隋老师只是将自己作为一名普通的教师、一名共产党员，在自己平凡的工作岗位上默默无闻地做着自己认为理所应当的事情，不断地提升自身的专业素养、严谨治学、关爱学生、无私奉献，积极参与学校发展建设，备好每一次课，讲好每一次课，以自己的实际行动努力实践崇教厚德、为人师表的信念；以深入学习实践科学发展观的实际行动来忠诚党的教育事业。她并没有把自己想得那么伟大，然而小事见精神、平凡见伟大，隋老师就在这平凡小事中成功诠释了"共产党员"这一光荣称号。她的精神让我感动，"一片丹心育桃李，满腔热血写华章。"

隋老师既是我们的优秀校友，也是我们可亲可敬的好老师。她工作的这份热情和敬业精神感染着我们、鼓励着我们，她给予我们的建议和嘱咐，耐人寻味。她告诉我们，在校期间一定要抓紧时间，踏踏实实地做学问，认真听好每一节课，只要你认真的听，就一定会学有所获，这对将来有很多帮助。她引用了《论语》中的一句话："三人行必有我师焉。"一定要多向老师、身边的同学学习，以取人之长、补己之短。知识的积累也是一种积少成多、聚沙成塔的过程，也是从量变到质变的过程。隋老师的话语催人奋进，她是我们身边的共产党员，是我们学习的好榜样。在有像隋老师一样平凡而又伟大的众多老师的辛勤培育和教诲下，我们一定会脱颖而出，成为我国农业和农村经济建设的优秀建设者和接班人！

撰稿人：杜春兰　李　娜

刘　伟　徐志峰

珍惜时光 志向在外

——记经济管理学院史亚军教授

史亚军，1957年出生，北京农学院都市农业研究所所长、教授、硕士生导师。主要研究方向：都市型现代农业、新农村建设、休闲农业与农村发展研究，是业内知名的都市农业与休闲农业专家。现任中国农学会都市农业与休闲农业分会常务理事、副秘书长，农业部休闲农业评审专家，国家核心期刊《中国农学通报》和《农业工程学报》编委，北京市科学技术协会都市农业规划专家。近年来，先后主持、承担农业部及省（市、区）级规划的制订；参加北京市农村工作委员会等文件的起草与制订。

采访当天已是夜里10点，史教授还在办公室加班，准备第二天出差所需要的材料。虽然已经很晚，史教授依然抽出时间在会议室接受了我的采访。采访时史教授情绪高涨，他告诉我："学生的事，再小的事也是大事。"这位治学严谨的学者言辞切切，时不时停下来思考，从他对莘莘学子提出的诚恳建议和亲切的笑容中，不经意间流露出对年轻人最真挚的关怀。在一个多小时的交谈中，史教授多次提到现在的学生最需要的就是珍惜时光，志向在外。

"老师最大的幸福就是看到自己的学生奉献社会"

记者：当老师，每年都会送走一批老生，

迎来一批新生，面对这样的情况您有没有什么特殊的情感？

史教授：我感触最深的还是一种使命感，一种成就感。从1983年送走北京农学院第一届毕业生开始，我跟这些学生到目前都还有联系，而且我也在持续地关注着毕业生们。因为我觉着这些毕业生是在检验着北京农学院的办学水平，检验着农学院这批老师包括教职员工的培养能力和对学生的服务能力，我对这一点是非常有感受的。从目前我们学校毕业生所取得的成果来看，无论是本科生还是硕士研究生，我们学校毕业生培养得还是成功的。我教龄到今年是整38年，看着一批批学生在这里学习成长最终成才、成家立业，去支持一方、服务一方，回报家庭，回报社会，我觉得我们毕业生做得都还是相当不错。我每年总期待有新生来，注入新的力量、新的活力，同时对毕业生走出校园、服务社会也充满期待，期待他们在各自的岗位有更多的作为、更多的建树、更多的创新。这是我工作30多年始终的想法。

记者：每个时代的学生都有自身的特点，您从教40多年，您感觉这些70后、80后、90后学生他们相比有什么区别和特点？

史教授：逐年的分区别不明显，跨10年一段的分区别很明显，前后一分区别尤其明显。农学院最早的几批学生，那时候高考制度刚恢复，他们都是作为精英考进来的，就像现在考研、考博一样，很低的录取比例，所以来了以后格外珍惜自己的荣誉，他们会有一种责任感、使命感去驱使他们不断地努力学习、不断地拼搏，这种荣誉感我觉得在我们前几届的学生身上表现得尤其好。现在，高等教育成为一种普及的态势，学生这种拼搏的意识可能有所减弱，我个人是不希望看到同学们出现这种意志衰退的现象。当然，新一代学生身上的交往能力、融合能力，包括在心态方面还都是具有优势的，特别是抗压能力还是比较强的。随着信息化的高速发展，每天都有大量的信息涌向我们，所以我们必须从中学会如何选择更有效的信息来完善自己的知识体系，夯实自己的学习基础，目标要明确、方向要准确。这是我们新时期新的学生尤其要把握的。

记者：您刚才也提到了学生的选择，那么作为学生肯定会面临升学或者工作的选择，您怎么看待这个选择？

史教授：首先每个人最终都是要走向社会，当觉得自己有一定的知识储备，达到一定能力的时候，有一批人选择的是走向社会，承担更多的社会责任，这是一种正确的选择；还有一批人，想提高自己，在更高层次去来理解社会、学习社会、服务社会，同样也是正确的选择。但是不管怎么说，现在的社会是一个学习型的社会，无论是本科阶段还是研究生阶段甚至是将来在工作岗位上，都是一种学习的过程，同时也是一种创造的过程。我一直希望我们学校这批有想法的教师队伍培养出的学生能够推动社会发展，带动产业的进步。老师同样也要学习，顺应学生的学习需求和求知欲望，引导学生在社会中有一番作为。研究生短短几年，混，非常好混，谁也不会去说你，因为你是在兢兢业业地敲钟，就是没有敲出动人的节奏，没有敲出一篇创造性的乐章。我们研究所作为一个研究单位，始终强调应该研究带动、研究创新、研究引领，这是我对我们导师队伍，包括研究生的基本要求。

"师生关系应该是互学互进的关系，是一个共同的学习团队"

记者：在学习过程中，学生和导师朝夕相处，曾经也有很多学生称导师为"家长、老板"，您如何看待师生的这一层关系？

史教授：我觉得这种提法是过时的，我非常不认可这种提法。新型的师生关系应该是互学互进的关系，我觉得无论对导师、学生，我们面对的都是共同的新形势、新问题、新发展，我们应该是一个共同的学习团队。在学习团队当中，老师是先学者，学生是学习者，但是两者的前提基础是学习。用过去传统的理论去解决发展问题，事实证明是不行的，必须得有新理论、新见解、新思路包括新实践。这样才能解决好我们共同面对的快速发展和社会进步。

记者：研究生是在更高层面的学习社会和理解社会，那么在2～3年的学习当中应该掌握什么？

史教授：首先，要深刻理解社会发展需求，进而树立科学的发展观，这种发展观，是我们"三农"事业如何发展，树立一个好的观念，是方向性的、战略性的；其次，掌握一些好的学习方法，学到知识要学会消化，要去实践，用理论联系实际，进而服务社会，这属于方法论；最后，要学到实实在在的本领，如策划的本领、产业规划的本领、动手实践的本领，只有这样才不会被社会所淘汰。时间确实很紧张，功夫要在平时，2～3年绝对不够。从目前来看，我们和一些名校之间的研究生培养的差距还是有的，需要我们大家共同去努力缩小。

记者：农学专业相比于其他专业是比较苦的，日常当中我们应该带着什么样的精神、态度去学习和实践？

史教授：既然走入农业战线，必须做好相应的思想准备，知农、懂农、爱农，最后献身农业，在农业的发展当中找到我们人生的价值和乐趣。农业是我国国民经济的基础，农村拥有最广阔的就业空间，希望同学们既要懂中国的社会，也要懂中国的政治，更要懂农业发展的知识和技能，增加对"三农"的情感，没有情感就融不进去。无论你坐办公室还是站在田间地头，都应该时时刻刻想着农民的不富裕、农村的不发达、农业的待发展。

"志在校外，打造'都教授'导师团队"

记者：听说我们都市农业研究所的导师团队有一个亲切的称呼，叫"都教授"团队，您帮我们解释一下这个称呼的来历吧。

史教授：从目前来看，我们都市农业研究所已经有15年的发展历史（都市农业研究所成立于2001年10月10日），这15年中，研究所在学校的领导下，在各级部门的支持下，做了一系列的开创性工作和扎实的基础性工作。我们都市农业研究所是国内高校当中第一个都市农业研究所，可以说经过10多年的努力，在都市农业研究领域，北京农学院都市农业研究所占有一席之地，并且做了大量的研究性、创新性、带动性和服务性的工作。从目前来看，我们也初步形成了一支以都市农业、休闲农业为特色的都市型农业教授团队，简称"都教授"团队。这也是我们在贵州省开展科研的时候，贵州省毕节市的农业工作者人员对我们的称呼。这个提法很有趣，也有一定的形象性，让人们很容易记住我们。我们现在这个团队在我国台湾、在国际间的交流当中也占有一席之地。在国际上，我们也不断开展广泛的、深入的都市农业学术交流，可以说已经初步形成了都市农业、休闲农业、美丽乡村专业的研究团队。我们一直在全国各地推广这种都市现代农业理念，希望能够在都市农业、休闲农业和美丽乡村方面还有不断地创新，同时我也希望我们这个队伍能够不断地扩大，不局限在研究所内部还有其他的院系，让我们整个北京农学院的"都教授"团队、都市农业特色团队不断壮大，最终走向全国，直至我们走向世界。

记者：您从事农业方面的工作和研究已

经40年了，这么多年来一直支持着您孜孜不倦地工作动力是什么？

史教授：这主要源于我们国家依然面临很多"三农"问题急待着我们去解决，农村还有广阔的天地等待我们这些教师、科研工作者去发挥。改革开放30多年了，中华人民共和国成立60多年了，我们依然有那么多落后的产业形态、落后的农村，还有一些没有致富的农民，或者说没有解决温饱的农民。当你看到这些，我觉得我们这些"三农"工作者、有责任有义务帮助他们。我从来到北京农学院以后，一直投身"三农"事业，是最早去参加北京农学院扶贫工作的一批教师，包括这两天我在河南省南阳市，农村的乡亲们都在说："无论男女老少，马上就能跟您聊到一起。"我觉得这说白了就是感情问题，我对农村具有深厚的感情，知农、体农、懂农、爱农，这是作为一个农业工作者最基本的要求。搞了一辈子农业，不跟农民交流、不跟农民融合、不跟时代的发展，恐怕不是真正搞农业的。要把农业当成一份事业，而不是一份工作；当你真正把农业当成一份事业的时候，你会发现你浑身上下有使不完的劲。

记者：我记得您经常跟我们说做农业研究要志向在外，请问我们应该如何解读这个"志向在外"？

史教授：这跟我们学校的定位有关，北京农学院是一所特色鲜明、多科融合的北京市属都市型高等农业院校。这个"在外"有两层意思：一是在学校之外，二是在北京之外。第一，农业院校的属性决定了我们学生的学习和研究不应该拘束于校园中，我们的课堂应该有一半是在京郊大地，用实践去检验我们所学的知识；第二，我们农学院的生源来自全国各地，光依靠北京的知识、北京的教育不足以服务社会、服务全国。全国各地有大量的发展先进经验，如美丽乡村、休闲农业，都在全国起到比较大的推动作用，眼界要看到全国、看到世界。没有这种胸怀，只是立足北京，我们今后的服务能力是有限的，能力和经验也是有限的。我们一定要看到，北京以外有非常好的发展理念和经验，北京的"三农"事业，在有些方面来讲，在全国并不是最好的，有些地方的有些方面做的确实比北京好，并且创造了大量的影响社会、影响全国的案例和经验。所以，我们更要立足北京、放眼中国。

采访人：韩　冰

撰稿人：韩　冰　潘晓佳

呕心沥血 甘为人梯
——记经济管理学院陈娆教授

陈娆，1969年出生，民盟昌平区工委委员，管理学博士，教授，硕士生导师，北京市教学名师、北京市高校中青年骨干教师、民盟北京市委优秀盟务工作者。现任北京农学院经济管理学院农林经济管理系主任，兼任中国农业企业经营管理教学研究会副理事长兼秘书长、中国农业技术经济研究会理事、北京农学会监事和中国管理科学学会高级会员等。主要研究方向：农业经济管理、都市型现代农业、产业经济和农业企业经营管理。

专心探索，提高教学水平

1992年7月，陈娆老师毕业于河北农业大学农林经济管理专业，同年留校任教。工作期间，基于对专业的热爱与个人不懈地追求，而后继续攻读农林经济管理专业硕士；2000年10月，陈老师调任到北京农学院，为了提升教书育人水平，2003年9月起，她又选择在华中农业大学农业经济与管理专业攻读博士，以期汲取更多的专业知识，提升自己，并将所学传递给莘莘学子。

作为一名人民教师，她一直坚守在教育的第一线，精心钻研业务，时刻关注社会发展和学科发展前沿，努力拓展专业视野，不断丰富教学内容，并承担了农业经济学、农业企业经营管理学、管理学、管理心理学、果品产业经济学等本科生、研究生课程的教学工作。她坚信：只有差的老师，没有差的学生。始终以传道授业解惑者的职责要求自己。她认为：作为老师，学生素质的高低，学业的深浅，老师具有不可逃脱的责任。身为人师，教育思想首先要端正，只有这样，才能引导学生不断提升。

20多年教书育人的过程中，陈老师潜心钻研，根据学科发展特点，在课程教学过程中注重"创造、创新和创业"人才的培养，坚持"应试教育"向"素质教育"转变的教育理念，积极进行教学改革，实现从"灌输式传授"向"互动式学习"、从"以考试为中心"向"以提升能力为根本"、从"以书本为中心"向"以提升实践能力为重心"的转变，不断探索新的教学方式、方法。功夫不负有心人，2005年9月，由陈老师主持的"都市型农林经济管理专业改革与实践"获得了北京市教育教学成果奖二等奖；2009年1月，主持的北京市教育委员会教改项目"都市型农林经济管理专业人才培养模式研究"获得北京农学院教育教学成果奖二等奖；2015年7月，获得"北京市教学名师"称号。学生对于她的课程也是好评连连。

潜心研究，提拔专业素养

孜孜不倦地理论学习中，陈老师也非常重视科研能力的提高。在课余时间，她积极投身于专业研究领域。"对待学术，不仅要善于发现问题，还要有直面坎坷的胆识、克服困难的毅力、独立的思考以及创新的能力。"她总是这样告诫自己的学生。

陈老师主持了国家自然科学基金"我国乡镇企业全球化发展战略"子课题，参加了国家社会科学基金重大课题"同步推进工业化、城镇化和农业现代化战略研究"，主持了北京市优秀中青年骨干教师课题"京郊山区沟域经济发展研究"、北京市委组织部课题"基于农村产业集群的北京城乡一体化发展研究"、北京市新农村基地课题"北京沟域生态要素商品化研究"和横向课题等11项，并获得黑龙江省社会科学优秀科研成果奖一等奖，出版了《基于产业集群的乡镇企业竞争优势研究》《北京沟域生态要素商品化与补偿机制研究》《蔬菜供应链集成研究》和《城郊农村如何搞好小城镇建设》等专著6部，在《中国

流通经济》《商业时代》和《生产力研究》等刊物发表论文30余篇。

在不断改革教学方式、探索教学方法改进的基础上，陈老师积极组织并参与"特色农经行动计划：都市型农林经济管理专业人才培养与创新"，通过带领学生走进农村社会、近距离接近农民、深入了解京郊农村、认识都市型现代农业内涵和特点，丰富了都市型现代农林经济管理实践和社会知识，培养了学生的爱农情结、务农能力和从事农林经济管理事业的决心。由此，她于2012年9月获得了北京农学院教育教学成果奖二等奖；《农业企业经营管理学》教学方案荣获2011年度北京农学院优秀教学设计方案奖；2013年11月，主讲现代农业企业发展漫谈被教育部、财政部批准为第五批精品视频公开课；2014年7月，主编教材《农业经济管理》获得教育部农林经济管理类教学指导委员会优秀成果奖二等奖。

精心培养，提升育人质量

清代文学家张潮说过："才之一字，所以维持世界；情之一字，所以粉饰乾坤。"对于任何一个深受学生热爱和尊敬，并能在学生的人生路上留下深刻印记的老师，必定有其独特的人格魅力。魅力何来？无外乎"才""情"二字。陈老师正是有如此"才情"、如此"光热"，纵然她没有光鲜亮丽的外表，但是其朴素大方的性格特质、和蔼可亲的处事风格以及风趣灵活的授课方式使得接触过她的每一个学生都印象深刻。可以说，陈老师对待学生似姐姐，但比姐姐更添一分关心；似妈妈，但比妈妈更添一分慈爱；似奶奶，但她的关爱却不仅仅是溺爱。

陈老师注重平时与学生进行情感交流，以科学的教育策略和方式来感召学生。以身作则、动之以情、晓之以理，秉承"以教师教书为主"向"以学生自主学习为主"转变的教育理念，不断引导学生进行探索，指导学生参加大学生课外学术科技活动，指导学生撰写的《北京市门头沟区爨底下村乡村旅游业发展存在问题及对策研究》获得第六届"挑战杯"首都大学生课外学术科技作品竞赛二等奖；2013年6月，指导学生撰写的《北京市国际鲜花港花卉创意农业的调研报告》获得第七届"挑战杯"首都大学生课外学术科技作品竞赛三等奖；2013年9月，指导学生"阳光都市有限公司"荣获"中国梦·创业梦"2013年"晨光杯"北京青年创新创业大赛铜牌。她本人也被评为暑期社会实践优秀指导教师。

作为一名任课教师，她同时兼任系主任和班主任的工作，经常和学生谈心，想学生之所想，急学生之所急，尽职尽责，无怨无悔，用满腔热情奉献着自己的青春与智慧，积极鼓励学生进取，所带班级4年下来没有一个学生掉队，2014年更有9名同学成功继续读研深造。

日常交流中，陈老师总是教育学生们：大家的智力并没有很大差别，而真正决定你能否坚实走过这段至关重要的人生阶段的，正是你是否能做到心无旁骛地去投入、去追求。无论是学习还是科研，都应该是一个享受的过程，享受不断超越自己的喜悦。用真诚面对生活，用激情拥抱梦想。同时，她告诉学生"态度决定一切"，要有仰望星空的梦想，更要有脚踏实地的态度。如此这般，一定可以无悔地度过大学这段流光溢彩的青春岁月！

撰稿人：学生记者

严谨治学 诲人不倦

——记经济管理学院刘芳教授

刘芳，1973年出生，中共党员，管理学博士，教授，硕士生导师，北京市高校中青年骨干教师，北京农学院三育人标兵，北京农学院优秀党务工作者。现任北京农学院经济管理学院主管科研与研究生工作的副院长、兼任首都女教授协会北京农学院分会副秘书长、中国商业统计学会常务理事、中国林牧渔业经济学会常务理事、北京农经学会理事。2012年起担任现代奶牛产业技术体系北京市创新团队产业经济岗位专家。

严谨治学 硕果累累

作为任课教师和研究生导师，遇事沉稳、笑容亲切的刘老师，给学生们一种家长般的可靠感，只要按老师的引导踏实做事，就能感到自身的充实和进步，树立起对未来的信心；作为经济管理学院科研与研究生工作的副院长，给同事们春风细雨般的鼓励和支持，以身作则，成为同事们的表率；作为学者，对自己严格要求，不断提高和充实自己，与时俱进。

正是因为她这种严于律己、宽以待人的性格以及孜孜不倦、探索求学的精神，使她无论是教学上还是科研上，都取得了累累硕果。

刘老师先后主持国家自然科学基金面上项目2项、农业部软科学项目、北京市社会科学基金重点项目、北京市教育委员会重点项目、北京市人事局重点调研项目等各级课题近20项，并被授予"北京农学院'十一五'期间国家级科研项目立项突出成绩奖"；出版著作《中国鲜活果蔬产品价格波动与形成机制研究》《北京少数民族乡村经济发展研究》《中国肉羊产业国际竞争力研究》和《北京奶业经济发展研究》等7部；在《农业经济问题》《农业技术经济》等学术期刊发表论文50多篇；研究成果荣获2013年北京市科技进步奖三等奖1项、北京市第十一届、第十三届哲学社会科学优秀成果奖二等奖各1项、2012/2013商务部发展成果专著类优秀奖1项、2010—2011年度新农村建设暨城乡一体化优秀调研报告奖二等奖1项和三等奖1项；2012年被评为"北京农学院科研工作先进个人"。

自2000年6月任教以来，主要承担了概率论、数理统计、计量经济学、运筹学、统计学、社会统计学和经济统计统计软件应用等本科课程和中级计量经济学与农村统计与调查研究生学位课程的教学任务。"教而不研则浅，研而不教则空"，在教学过程中，她坚信始终注重教研一体化，并取得了很好的教学效果。其主编的《农村统计与调查》于2011年被评为"北京市精品教材"；主讲的《统计学》网络课程获得北京市多媒体课件比赛二等奖。在做好一课堂教学的同时，刘老师还积极参加二课堂的各项活动，先后被评为"第五届全国商科院校技能大赛市场调查分析专业竞赛总决赛优秀辅导教师"。

2007—2010年，刘老师担任经济管理学院教学副院长的3年间，不断钻研业务，积极推进学院的教育教学改革，使得学院的课程建设、教学团队建设、专业建设和实验教学软件平台建设都得到了全面提升，其组织搭建的"六位一体"的本科实践教学体系，尤其是"经管类本科生跨专业综合实训平台"的研发和实施取得了良好的教学效果，已经成为经济管理学院提升本科和研究生实践能力、打通"校企直通车"的重要训练抓手。多项教学改革成果先后荣获2012年北京市教学成果奖二等奖1项、2012年北京农学院教学成果奖一等奖和二等奖2项；2009年北京农学院教学成果奖一等奖1项。

诲人不倦 桃李芬芳

刘老师深知学高为师，身正为范。她始终把科学研究作为教授的历史使命，更作为带团队、教书育人的立命之本。作为导师，她对学生严格要求，努力为学生创建科研和实践平台。在平常的生活中，她既像慈母，关心学生们的品格培养和情感、情绪问题的疏导，又像严师，督促和鞭策学生们的学习、研究。

刘老师即使取得了显著的教育成绩，她也始终将自己定位为一名学者，不断地充实提高自己，在自己的工作岗位上踏踏实实地做着事情；作为导师，不断地提升自身的专业素养，把握行业发展的前沿，将最新、最实用的东西教给学生、启发学生，备好每一次课，讲好每一次课，以自己的实际行动努力实践崇教厚德、为人师表的信念。她说："作为老师最欣慰的事情，莫过于培养的学生能有所成长，在老师的栽培下能打下为人为学的厚实基础，在进入职场时，能实现自身价值和社会价值。"刘老师为人低调，即使取得了大的成绩，也不宣扬，始终保持着平常心，平和宽容地对待周围的人。不愿过多言语，她只想用实际行动来表达"一片丹心育桃李，满腔热血写华章"的教师追求。

正是刘老师的诲人不倦，才有了学生们的成长成才。5年间，她指导本科生18人，其中4人获评优秀本科毕业论文；培养毕业研究生16人，其中有2人考取博士，3人获得国家级奖学金，3人评为校级优秀毕业研究生，5人获评校级优秀学位论文，并连续5年实现就业率100%。其本人被评为北京农学院优秀研究生论文指导教师、北京农学院研究生就业突出贡献导师、研究生招生先进个人和就业工作先进个人等。

2007年以来，刘老师还一直负责学院的外事工作。为了开拓学生视野，培养国际化人才，积极加强国际合作与交流，探索国际人才联合培养模式。其推动的与英国诺桑比亚大学联合开展的"3+1"本科双学位人才培养项目已经成为经济管理学院国际化人才培养的重要渠道。3年间，已有近20名同学通过该项目走向国际。

学无止境　探索不息

当谈到对未来的畅想时，刘老师表示将会一直扎根于北京农学院，从事教学工作，同时将结合学校的办学特色潜心做研究。作为北京农学院第一个文科领域的农业推广教授，她将继续积极响应学校服务郊区、服务农民的号召，坚持深入农村一线、深入农户家中、深入田间地头开展实地调研，心系"三农"，把论文写在京郊大地上。

自2000年来校工作以来，刘老师10多年如一日始终以饱满的热情，奋斗在教学、科研的第一线，开拓创新，严谨治学，乐于奉献。未来，她还是会一如既往地勤勤恳恳、爱岗敬业，希望教育出更多的优秀学子，充分挖掘出每一位学生的潜力，为都市型现代农业培养出更多、更坚实的力量。

2010年担任经济管理学院科研副院长以来，刘老师努力探索研究生招生和培养新模式，学院研究生培养工作日趋规模化和规范化。尤其是组织实施的"三网合一的调查系统"实验、校内调研与数据分析实训、校内"现代服务业"顶岗助教实习和"创新农经行动计划"京郊调研实习平台等研究生科研实训体系的建设，很好地完善了农经类研究生的培养体系，推动了经济管理类研究生理论和实践能力的提高。

刘老师是我们可亲可敬的好老师，她工作的这份热情和敬业精神感染着我们、鼓励着我们，她给予我们的建议和嘱咐，耐人寻味。她告诉我们，在校期间一定要抓紧时间，踏踏实实地做学问。有课的时候，认真听好每一节课，做好笔记；没课的时候，多阅读、多思考、多练笔，正如俗语所言"师父领进门，修行靠个人"，老师的知识毕竟有限，学生要自觉培养出积极主动学习的习惯；还要严格要求自己，不要仅仅满足于眼前的知识。只要你用心学，就一定会学有所获。大学期间，尤其是研究生阶段，一定要学会珍惜时间，学会转变思维方法，不能还停留在知识的简单积累上，更重要的是对知识的转换和运用，对研究方法的总结和思维角度的训练。刘老师的话语中寄予了对学生们的深切期望，催人奋进，她是我们的良师益友，是我们学习的好榜样。正是有像刘老师这样平凡而又伟大的众多老师的辛勤培育和教诲下，我们才能不断奋发向上，成为我国农业和农村经济建设的优秀建设者和接班人！

撰稿人：罗小红　王　泽

踏踏实实做人
实实在在做事
——记经济管理学院胡宝贵教授

胡宝贵，1965年出生，北京农学院经济管理学院党总支书记、工商管理系教授、硕士生导师、高级人力资源管理师，兼任中国环境科学学会绿色包装专业委员会副理事长、中国林牧渔业经济学会畜牧经济专业委员会常务理事、中国环境科学学会咨询评估工作委员会委员、中国运筹学会企业运筹学会理事、中国现场统计研究会统计综合评价研究会理事、现代农业产业技术体系北京市西甜瓜创新团队产业经济岗位专家。

主要研究方向为农村产业经济、涉农企业经营管理、人力资源开发与管理。主持、参加科研项目20多项；主持完成各类综合性、专业性规划项目10多项；发表学术论文100多篇；出版《现代农业与循环经济》《北京农村产业发展理论与实践》和《新农村建设中的农村产业发展研究》等专著10余部。主要讲授人力资源管理学、电子商务等课程。主编或参编《涉农企业经营管理》《物流采购与供应管理》等多部教材。

求学中，争分夺秒

胡老师穿着随意朴素，性格直爽，人品厚重；言语不多，字字珠玑。在与胡老师的交流过程中，他始终面带微笑地对我们说：和他接触的人，对他的评价都是为人老实、忠厚，性格直爽。胡老师谦虚地说："在为人处事方面自己的确欠缺，性子直，有什么就说什么，从来不会拐弯抹角。"这一特点成为胡老师与众不同之处。

胡老师本科就读于北京农学院，毕业后考入中国人民大学经济系攻读硕士研究生。在中国人民大学读研期间，是他人生中最艰苦的时期：幼女娇妻，工作压力大。说到此处，胡老师深情地回想起那时的场景，似乎又回到那勤学苦练、争分夺秒的峥嵘岁月。那时候，胡老师的女儿正在上幼儿园，他只能委托朋友代他接送自己的孩子。说到此处，胡老师脸上洋溢着幸福的笑容，"我的孩子很不错，虽然有时候也调皮，和我顶几句嘴，但过一会儿就主动向我道歉，我很感动。"经过交流，我们深深感受到胡老师那舐犊情深的感情，感受到胡老师教女有方的成就。我们作为他的学生，跟胡老师的女儿差不多同龄，所以胡老师对待我们就像对待自己的儿女一样，给予我们无微不至的关心，同时对我们的学习和科研生活严格要求。

此外，胡老师为了能尽快掌握那时的全部经济学专著原文，基本上每天早上很早就到学校，一直到晚上学到深夜。正是这争分夺秒地勤学苦练，夯实了胡老师的自身素养、理论基础与实践能力，为日后的发展进步打下坚实的基础。

工作中，双管齐下

胡老师曾在科技处主管科研与研究生工作，现任经济管理学院党总支书记职务。为了把工作做好，胡老师不仅取得了一系列的科研成果，同时还用短短6年时间把学校研究生工作从无到有、由小到大发展起来。胡老师说："自己身上担负的更多的是管理、服务的职责。"在胡老师分管研究生工作的期间，经过他以及整个学校、科技处、研究生工作部的努力，研究生招生、培养、管理、科研和就业等各项工作逐渐步入正轨，一切均有迹可循，研究生在学校越来越受到重视。当谈到这些成绩时，胡老师谦虚地说："自己做的都是分内之事，自己的事踏踏实实、一步一步把工作做好。"胡老师在日常的工作中，

不仅亲自抓研究生的管理，还与各位研究生导师加大沟通、交流，共同商讨促进研究生的培养。

教学中，授之以渔

胡老师介绍了他当年如何读原著、写论文，并与当今大学生的学习态度与方法做了比较，指出了现在的学生应该将发散性思维运用到对问题的研究与思考中。在查资料的过程中，不仅要取其精华、去其糟粕，更要寻找它们之间存在的关联，以此来进行学术的深入研究，定能在专攻领域有所突破。

胡老师简单介绍了他的工作经历，并指出当代大学生应该按照这8个字去做：踏踏实实，循序渐进。踏踏实实地把自己需要做的事情做好，少说空话、大话。以一种新的视角看待"当一天和尚撞一天钟"，具有这种观念的人有一个好的品质，就是认真务实，做实事，负责任。但做好当下的事情时，还应该不断去回顾、去反思。看自己所做的事情，是不是真的做好了，还能不能做得更好，做的不好的地方，还有哪些可以改进。然后，还要注意往前看，看看自己所做的事情与未来的目标是否一致。有一个正确的、有指导意义的目标非常重要，过去王国福"小车不倒往前推"的说法虽然也蕴含着踏实做事的道理，但也要看到，如果方向不对，方法不对，小车倒了，就无法往前推。在现实中，就意味着你所做的事情，失去了方向、失去了平衡，那么也就失去了价值。

为党员，原则正直

身为党员，固然有一个组织对你的约束，但更多的，是来源于自身的约束。首先必须

是一个正直的人，有自己的做事原则与道德准则，这样的人才具备成为共产党员的资格。正准备入党的同学，一定要端正自己的入党动机，不断提升自己的政治思想觉悟。不同的人对共产主义信仰的程度是不同的，这与一个人所处的背景以及受教育的程度有很大关系。但是，每位党员以及有志愿加入共产党的人，都应当不断向党组织靠拢，不断向共产主义伟大信仰靠拢。胡老师坦言自己也在不断提升政治思想觉悟，树立伟大的共产主义信仰。

通过对胡宝贵老师的采访，进一步地认识了新时期的共产党员的形象和标准，解决了在思想上的疑惑。让我们明白了平时要以优秀共产党员的高尚品质来鞭策自己。我们知道自己在思想上和党建理论知识修养等方面，与老党员相比还有一定的差距。但我们

会不断向党员学习，坚持学习，树立正确的人生观、价值观。在学校中要努力学习，掌握为人民服务的方式和本领，努力应用于实际工作和生活当中，更好地发挥入党积极分子的先锋模范作用。胡老师的话催人奋进，他是我们身边的共产党员，是我们学习的好榜样。我们相信，在胡老师这样平凡而伟大的老师的辛勤培育和教诲下，我们一定会脱颖而出，成为我国农业和农村经济建设的优秀建设者和接班人。

促使一个人成功的因素有很多：学习、突破、乐观、感恩和责任感等。这些要素就像坐标里的点，看似独立，但只有连在一起，连成一条正相关的直线，才会相互作用，相互影响，无穷增大，改变人的生命轨迹。胡老师成功的答案就在这条直线中。

撰稿人：汤　滢　张仲凯

扎实严谨 漫步创新之路

——记经济管理学院赵连静教授

赵连静，1974年出生，管理学博士，教授，硕士生导师。现任北京农学院经济管理学院主管教学的副院长，是北京市青年拔尖人才，北京农学院都市农业产业经济与合作组织政策研究团队骨干成员。兼任中国农业会计学会理事、北京农学院高等教育研究会理事，"农林杯"北京农学院大学生创业计划竞赛专家评委。主要研究方向：财务管理理论与实践，在都市型现代农业、涉农企业管理、财务信息化进行了较为深入的研究。

为人师表，教学工作成效突出

自2001年4月到北京农学院任教以来，热爱并忠诚党的高等教育事业，全面贯彻党的教育方针，有良好的师德和奉献精神，工作作风扎实严谨，勇于探索创新。承担了财务管理、会计信息系统、会计实务、ERP企业经营决策模拟、中级财务会计等课程的教学和实习工作。获得北京市教育教学成果奖1项；主持北京市教学改革项目1项；获精品课程建设1项；主持财务管理主干课程改革，发表相关教改论文8篇；教学效果优秀。

在教学工作中，关注学科和专业的发展前沿，不断充实教学内容，注重学生基本技能的训练和培养，积极致力于经济管理类实训教学的改革，致力于院校共建实习基地的建设，教学成绩突出，教改成果显著，获得各类教学科研奖项22项。教学成果"特色农经行动计划：都市型农林经济管理专业人才培养与创新"获北京市高等教育教学成果奖二等奖。"校企合作，构建经管类仿真实训体系"获2004—2008年北京农学院高等教育教学成果奖一等奖，教学成果"都市型高等农业院校经管类专业立体式人才培养改革与实践"获2009—2012年北京农学院高等教育教学成果奖一等奖，教学成果"会计学综合实训改革与实践"获北京农学院高等教育教学成果奖三等奖，主讲课程企业经营决策模拟荣获2009年北京农学院优秀课程。主持教改课题"农业院校经管实验教学平台与实践教学基地建设研究"获北京农学院重点教改课题支持，论文《基于"3+1"人才培养模式的经管实践教学改革》获北京农学院2010年度中层干部优秀理论文章二等奖。

主编《农业院校经济管理类"3+1"人才培养模式与实践》《农林院校经济管理类教学改革探索》《农林院校经管类大学生科研探索》、副主编《会计学综合实践教程》（全国高等农林院校"十一五"规划教材）、《会计学原理》（21世纪会计系列规划教材）等9部著作和教材。

在做好课堂教学工作的同时，积极指导学生开展第二课堂的活动，组织学生参加学科竞赛，连续举办四届"北农创业杯"ERP沙盘大赛，学生参加北京地区决赛获得优胜奖和二等奖各1项。指导大学生科研行动计划7组，其中国家级项目1项，获得优秀结题报告奖2项。指导"农林杯"大学生创业计划竞赛获校级一等奖。招生和就业工作成绩突出，获北京农学院就业工作突出贡献教师、北京农学院招生先进个人称号。

担任硕士研究生导师，指导研究生5人，从入学就在学习和科研方面严格要求，提供参加科研的机会，鼓励深入京郊做调研和社会实践工作。

刻苦钻研，科研工作成就显著

赵连静教授具有广阔的学术视野及了解学术前沿的意识，能够根据社会、经济、科技和教育的发展，通过各种形式的继续教育，不断更新教育观念和自己已有的知识，提高学科专业和教育专业水平。2011年，在英国

Harper Adams University College 参加 Governance and Higher Education Management 培训；2009年8月，在北京大学经济学院实证会计研究讲习班学习；2011年6月至2012年8月，在中央财经大学高级财务总监培训班参加财务培训；先后参加教育部高教司和科技司联合举办的"会计学与财务管理骨干教师培训班"、全国信息化专业技术人才更新工程（"653"工程）的审计信息化师培训、用友软件举办的ERP财务培训、中国高等教育学会的"高校经济管理类专业实践、实训教学改革培训班"等。

积极进行科研工作，研究方向稳定，目标明确。在围绕都市型现代农业、涉农企业管理和财务信息化等方向开展科研工作的过程中，取得了系列成果，并获得北京市委组织部优秀人才培养资助、北京市属高等学校高层次人才引进与培养计划项目（2013—2015）——青年拔尖人才项目资助。作为成果完成人之一的"北京沟域经济研究报告"获北京市2008—2009年度新农村建设暨城乡一体化优秀调查研究成果奖一等奖，成果被北京市农村工作委员会等有关部门采纳，在北京沟域经济建设中得到实践。

2009年以来，围绕本人的研究方向，先后主持"社会资本进入北京现代农业问题研究""北京农村社区股份合作制调研""农村社区股份合作制财务问题研究""北京山区沟域农户融资行为及影响因素研究"等省部级课题，主要参加"北京与国内外山区经济发展政策对比研究""北京山区沟域经济研究"等省部级课题。结合课题的研究，发表相关论文16篇。其中，CSSCI 1篇，EI收录1篇，ISTP检索2篇。出版《基于财务视角的农业上市公司投资效率研究》（独著）、《北京都市型现代农业发展与

创新》（副主编）、《农民专业合作社财务管理问题研究》（副主编）、《北京物流企业财务管理战略》（副主编）、《新时期农村财务理论与实践》（主要作者）、《北京沟域经济发展研究》（主要作者）等多部著作。

奉献京郊，社会服务及团队建设成绩突出

作为都市农业产业经济与政策研究团队骨干成员，承担都市农业发展、农村产权制度改革和农业企业管理等方面的课题多项，并取得了系列的成果。积极加强学术交流和社会工作，担任中国农业会计学会理事、北京农学院大学生创业项目专家评委等。积极参加青年学术沙龙和本学科学术活动，并做主题发言；参加"2014营运资金管理高峰论坛暨混合所有制与资本管理高峰论坛"，主持"混合所有制与资本管理学术分论坛"，并做主题发言。

在社会服务方面，作为经济管理学院教工党支部书记期间，认真组织、参加各项组织活动，积极组织与学生党支部的共建工作，与密云区穆家峪、大兴狼垡二村等基层农村党支部对接，取得了很好的效果。

参加了北京沟域经济京郊调研和咨询，获北京市2008—2009年度新农村建设暨城乡一体化优秀调查研究成果奖一等奖，成果被北京市农村工作委员会等有关部门采纳，在北京沟域经济建设中得到实践。与用友软件公司建立科研教学实习基地，协助企业为中小企业提供财务信息化培训、咨询服务工作，参与会计执业资格无纸化考试命题设计工作，

利用基地资源建立ERP实验室，推荐基地实习就业学生20多人。为新奥混凝土集团后备干部31人进行财务管理培训。邀请大兴区地税局专家和国际税务师协会人员为学生进行纳税知识培训，成功组织并实施了报税员证书的考试工作，124名同学最终获得报税员资格。为平谷区农村工作委员会组织的合作社负责人培训"股份合作制财务"，100多位合作社的董事长、财务人员参加了培训。

甘心奉献，行政管理水平有所提升

自2010年任经济管理学院教学副院长以来，积极进行教学管理改革。完善经管"六位一体的实践教学体系"，强化"企业认知与经营决策模拟的认知平台"和"社会实践就业平台"建设；加强教学质量工程建设，稳步提高教学质量，教师和学生获奖显著增加；组织经济管理学院实践教学中心、专业建设等规划设计和实施论证项目20项；完成经济管理学院6个专业2011本科培养方案修订工作。加强教学质量工程建设，稳步提高教学质量，教师和学生获奖显著增加。在工作中，不断思考、改革、建设、总结，创建并系统实践了以"一个创新行动、两个建设机制、三个培养层次、四个保障体系、五类实现形式的"3+1"经济管理类专业人才培养模式。圆满完成青海畜牧兽医职业技术学院教师的培训和交流接待工作以及新疆和田地区高校毕业未就业学生经济管理实践培训任务。

撰稿人：学生记者

书山有路勤为径
学海无涯乐作舟
——记经济管理学院赵海燕教授

赵海燕，1974年出生，中共党员，日本京都大学管理学博士后，2013年9月被聘为经济管理学院教授。主要研究方向：都市型现代农业、农业技术经济、林业经济和竞争力研究等。近年已出版专著和教材多部，在国内外核心期刊发表论文40余篇，主持并参加国家级、部级、省（市）级课题等数十项。曾获北京农学院青年教师讲课比赛社会科学类一等奖、省级优秀博士论文奖等奖励，并指导学生多次获得北京市"挑战杯"首都大学生课外学术科技作品竞赛奖等奖励。

教学路，诲人不倦，推陈出新

"师者，所以传道授业解惑也"。赵老师一直承担经济管理学院本科生、研究生专业课程的教学任务，讲授多门课程。在具体工作中，她工作态度端正，精心设计教案，备课详尽、细致，能够在教学过程中较好地把握好每一教学环节和掌握教学节奏。尤其在课堂教学这一最重要的环节，她以知识的传授为根本，注重学生思维与能力的培养，注重与学生的沟通与交流，总是达到良好的教学效果。

讲台上的她，是一位博学多识的老师。面对学生，她侃侃而谈、游刃有余，喜欢用启发式教学调动学生学习的自主性和积极性。"双语教学"是赵老师上课的另一大特色。

赵老师还非常重视教学改革，不断探索和尝试新的教学方法。无论是重复课还是新开课，她都认真准备好每一堂课，不断充实新的内容，并且注重授课方法，充分发挥教师、学生两个主体的积极性和主动性，培养学生严谨的治学作风，极大地提高了课堂学习效率。

科研路，披荆斩棘，乐中作乐

在提及赵老师的科研之路时，她喜欢用3句诗来概括：独上高楼，望断天涯路。衣带渐宽终不悔，为伊消得人憔悴。众里寻他千百度，蓦然回首，那人却在灯火阑珊处。

咋一听，这3句话似乎跟科研毫无关系，且听赵老师娓娓道来。

在每一个新的科研课题的起步期，总有种雾里看花、水中望月的感觉，看则近实则远；当渐渐深入课题研究后，为它披荆斩棘，赴汤蹈火，疲惫不堪时，悬梁刺股地坚持不懈之后，恍然大悟，终于寻到课题研究的真谛，洋溢着幸福与快乐。享受过程中的乐趣，"学海无涯乐作舟"是赵老师一直坚信的。

科研是教学的基础与保证。赵老师在认真完成日常教学与管理工作的同时，惜时如金，克服多种困难，积极学习专业基础知识，关注学科发展的前沿动态，努力保持、提高自己的科研能力和业务水平。从教至今，在承担大量的教学及教学管理工作的同时，从未放松科学研究，科研硕果累累。近年已出版专著和教材多部，在国内外核心期刊发表论文40余篇，主持并参加了国家级、部级、省（市）级课题等数十项。

育人路，言传身教，推心置腹

一个人做好工作不仅要具备必要的知识和技能，更离不开感情和爱心的投入。赵老师还经常在课下与学生交流，理解学生的意见和心声，征求学生对自己教学方面的建议或要求，针对学生在思想、学习和生活上的困难，她耐心解答、正确教育和利导，鼓励学生珍惜求学时光、掌握正确学习方法和培养良好的心理素质。

除了课堂教学，赵老师每年还承担了部分毕业生的论文指导和实习指导工作。每次从选题、材料的收集、初稿的写作直到定稿的完成，她都仔细过问，悉心指导，让学生能很快认识到自己的不足所在，使论文写作得以顺利完成。对学生的实习指导同样认真负责，贡献自身所学经验。

赵老师深信身教胜于言教，身先士卒，以身作则，用自己的一言一行示范，潜移默化影响、熏陶和教育学生。面对学生，她坚持做到摆事实、讲道理，循循善诱，以理服人，坚持以表扬、鼓励为主，坚持耐心说服与建立执行必要的规章制度相结合，给予学生有限度的自由，允许学生的个性张扬，尊重、理解、热爱和关心学生，和学生建立朋友式的师生关系。

汗洒红土地，血染朵嫣红。

手握一支粉笔，解开迷津不朦胧。

废寝忘食耕耘，呕心沥血夜中，伏案见忠诚。

茹苦熬炎夏，单薄度寒冬。

心操碎喉疼痛，青春消。

尽瘁鞠躬，长年累月西北风。

常有栋梁成材，偶尔桃李丹红，难得点滴功。

泰戈尔说过："花的事业是甜蜜的，果的事业是珍贵的，让我干叶的事业吧。因为叶总是谦逊地垂着她的绿荫。"每一天，赵老师都默默地、快乐地实践着心中不变的誓言——以教师为荣耀的职业，以教育为终生的事业。

撰稿人：学生记者

甘愿平凡 成就学生
——记经济管理学院何伟教授

何伟，1969年出生，管理学博士，教授，硕士生导师。现任北京农学院经济管理学院经济贸易系主任，主要研究方向为贸易、投资。承担多门专业课程公共选修课程的教学任务。参加各级纵向课题7项、横向课题4项；发表论文30余篇，其中CSSCI检索和核心期刊论文4篇；主编、参编教材9部，其中"十一五"规划教材2部；独著学术专著1部。指导学生团队获得2014年首都大学生"创青春"创业大赛银奖。

在校园里，你会看到这样一个衣着朴素、行事低调的男教师，你也许不会记住他的面庞，你也许仅仅是听过他的一门课，而他却在自己的领域默默地进行学术研究，积极探索新型教学模式，带领学生参加各项大赛并取得成绩，为学生的成长、成才无私奉献。他就是经济管理学院经济贸易系主任，何伟教授。

踏实肯干 勇于担当

在当教师之前，何伟老师在企业工作过很长一段时间，具有丰富的对外贸易工作经验。当老师后，他也一直不忘初心，研究方向为国际贸易和国际金融。何老师将过去的工作经验运用于科研和教学，参加了各级纵向课题和横向课题，出版专著、参编教材、发表论文，取得了不菲的成绩。他一直认为，只有自己的科研水平提上去了，教学质量才能提高，教学和科研只有同产业发展的实际结合，前进才有方向。

在学校发展的大背景下，2013年何伟老师作为经济贸易系主任，成功组织实施了投资学新专业的申报，并实现当年招生，为丰富学校的经济学学科门类做出了应有的贡献。为了完善培养方案和教学体系，也为了让学生们有更多的选择空间，何老师团结经济贸易系全体教师，在充分调研的基础上，发掘教师的潜力，改变因人设课的做法，制定出适应"3+1"培养方案要求的新专业课程体系。在学校和学院的领导下，何老师充分调动经济贸易系教师的积极性，利用好教师、毕业生的社会关系，积极联系校外实习单位，建立了10多个校外实践基地，为经济贸易系国际经济与贸易专业和投资学专业的教学实习提供了保障。

教书育人　教学为本

何伟老师是经济贸易系主任，日常的行政管理工作较为繁重，但仍然是一名普通教师，承担的教学任务一点都不少。这些年，何老师开过的专业课程达十几门。何老师授课风格幽默风趣，注重案例教学，常常把知识点和企业的案例结合在一起，学起来轻松易懂。在教学之外，何老师还担任新生班主任，言传身教指导学生。他为人平和，与学生在一起也没有架子，深受学生的欢迎。在他的带领下，国际经济与贸易专业的学生至今还保持着大学英语四级考试一次通过率的学校最高纪录。

在实践教学上，何伟老师积极探索新方法，尝试将学科竞赛引入课堂，充分利用社会资源拓展学生的专业认知途径。从2012年起，他连续4年组织经济贸易系学生团队参加POCIB全国大学生外贸能力从业大赛，并取得优良成绩；结合比赛，何老师对教学做了大胆改革，将竞赛引导型教学作为实务类课程的教学补充手段，完成了校内重点教学改革项目1项。

近年来，何伟老师积极组织经济贸易系师生参加大学生科研行动、股票大赛、创业大赛、大学生课外科技作品竞赛等学科竞赛，发挥他实践经验丰富的优势，为学生提供最大的帮助。2014年，他指导的学生团队在"创青春"首都大学生创业大赛上获得银奖，为学校赢得了荣誉。

有人问他："你为学生做这些图什么？"何伟老师笑答："啥也不图，感兴趣而已。"他就是这样一个普通的人，一个不普通的教师。他甘于平凡，为了成就学生默默奉献。这就是何伟，平凡中的不平凡，就是他真实的写照。

撰稿人：宋晨曦

编者按：如果母校是树，校友就是根，根越多越广，树就越高越大。校友兴则母校兴，校友是母校最宝贵的财富和最重要的资源。长期以来，北京农学院的广大校友为母校的建设和发展做出了巨大贡献。为激励后学、立志成才，同时搭建校友联系的虹桥，凝心聚力，共创辉煌，精心制作校友风采录：追忆他们青春岁月的似水年华，讲述他们事业有成的拼搏之路，发扬他们积极进取的奋斗精神。祝愿他们再创辉煌，再攀新高！

句句朴实见真挚
缕缕深情动人心

——记经济管理学院80级校友廖沛

廖沛，1959年出生。1984年毕业于北京农学院农业经济系。如今已为人夫、已为人父的他，仍对学弟学妹情深意浓，寄予厚望。

回首往昔，感慨万千

忆昔，廖沛感慨颇多。生活在他们那个年代，考大学就犹如千军万马过独木桥。廖沛表示，在他们那时候，考上大学的概率大概是3%，而且当时能考上高中就已经很不错了。他还指出，北京农学院当时的设施环境是相当艰苦的，学校没有正规的图书馆，农业经济系有一个很小的阅览室，同学们经常到那儿去学习。他们也没有更多的娱乐场所，只有操场是他们经常去玩的地方。打篮球、踢足球和蹦迪斯科成为了他们那个时代为数不多的几种娱乐方式。即使这样，廖沛表示苦中作乐还是很不错，很值得回忆的。

时光易逝，恩师难忘

当时的硬件设施是差了些，但是谈及当时的老师，廖沛表示老师们都是很优秀的，詹远一、胡星池、赵淑敏等老师对他的影响很大。他还说了对自己影响最为深远的詹远一老师。詹老师对他们进行军事化管理，培养了他们的组织纪律观念，严师出高徒在这儿也得到了很好的验证。詹老师还着重培养他们的两个能力："笔头""嘴头"。通过种种渠道培养他们的交流、管理能力，使得他们可以在当今社会开拓自己的一片天地！说起恩师，廖沛滔滔不绝，他深情地说："老师的教导在以后的生活工作中都让我受益匪浅！"句句感慨都折射出他内心的感恩之情。

赠言相励，放眼未来

说到未来，廖沛的愿望很朴实，他只希望工作顺利，儿女过得快乐幸福。对于学弟学妹的大学生活，他表示了自己的看法：首先，他强调了英语的重要性。"随着国际化越演越烈，英语成为通往国际的必备工具。所以，学弟学妹们一定要好好学习英语。"通俗的语言、殷切的希望，我们看出了情感的真挚。其次，他指出一定要注重学习方法，不能死记硬背，要让自己容易浮躁的心平静下来，潜心研究，才能学到真东西。最后，他还说大学生一定要在适当的时候做适当的事情，在学校这个相对纯净的小社会里，大学生最主要的任务还是学习，不断充实自己，用知识来武装自己，这样才能让自己有能力驰骋于这个充满竞争的社会。他殷切地希望学弟学妹们能珍惜大学的美好时光，不让青春留下遗憾。

朴实的语言反映出情感的真挚，从他的诸多感慨，诸多希望，诸多鼓励中，我们需要思考的、需要做的，还很多很多！21世纪的钟声已敲响，我们一定要让奋进的足迹汇成创造的交响乐，让辛勤的汗水描绘出时代的锦绣，努力去书写属于我们这一代人的辉煌！

撰稿人：孔阿飞 项 琳

京郊大地上的守望者

——记经济管理学院80级校友吴新生

吴新生，1962年出生。1984年毕业于北京农学院农业经济系，现任北京市农村合作经济经营管理办公室农民负担监管处副处长，主管农民负担监督管理工作。

艰苦奋斗的求学生涯

刚刚恢复高考不久的1980年，能够走入大学校门的只有那4%的佼佼者。家中有7口人的吴新生家庭条件并不宽裕，而只能靠读书改变命运的他，在那个既没有奖学金、也没有勤工俭学来支持的年代着实顶着巨大的压力。当时学校的办学条件非常简陋：没有校门，体育课是在学生自己挖出来的简陋操场上；因电影学院占据教学楼而造成的教学资源短缺。这些因素直接导致了课程设置的紧张，在这个大背景之下，吴新生不但没有气馁，反而更加努力钻研专业知识，不断拓宽自己的视野，学习种植、畜牧和园艺等其他专业的知识。

脚踏实地的工作岁月

1994年开始主管农村负担监管工作的他，把维护农民权益作为自己工作最本质的目标与追求。

近年来，他坚持努力学习党的路线、方针和政策，不断提高政治理论水平，认真贯彻落实党的强农惠农政策，努力提高业务能力和服务水平，牢固树立服务"三农"意识，发挥业务优势，服务基层、服务群众，认真解决农民最关心、最需要、最现实的热点和难点问题。

十年如一日的工作，吴新生对这份工作

的热情不减反增。他总是吃苦在前，而后也无甜，却从无怨言。这种无私奉献、廉洁律己和以身作则的精神，使他取得了一些成绩：被评为优秀共产党员和优秀职工。他说，这是一项与农民打交道很多、保护农民这一弱势群体、为农民解决实际问题的工作，因此其意义十分重大。在吴新生的心里，他坚信为群众服务好，是他工作的根本，只有群众利益的需要，才能体现出自己存在的价值和意义。他把群众的利益和单位以及个人的利益看作是统一的整体，把群众的利益看成是自己工作、学习的最基本的前进动力。他的勤恳工作也受到领导的肯定和同志们的一致好评。

工作的成绩源于行动的力量，而行动的力量源于对党的认识和忠诚。

不断进取的党路历程

吴新生作为母校历届毕业生中的普通一员，在他的身上，值得我们学习的不仅是对学业和工作的认真，更是身为一名优秀共产党员所具备的时刻准备着为人民服务的精神。2002年入党以来，吴新生十分注重学习党的基本知识，时刻以党员的标准严格要求自己，争当农民兄弟的贴心人。与此同时，他刻苦钻研业务，用自己的生命之火，履行着应尽的党员责任与义务。

在吴新生的身上闪耀着理想的光辉，闪耀着共产主义的精神力量。在平平常常的工作中，吴新生默默地用自己的言行诠释着新时期共产党员的先进性，践行着共产党员对工作和生活、对事业和理想的庄严承诺。在基层工作的几十年中，吴新生大部分时间奔走在农民的中间，风里来雨里去，全心投入。

他的事业和广大农民群众息息相关，尽到了一名共产党员应尽的义务，担负起了一名农业工作者的责任。

吴新生本着求真务实的工作作风，兢兢业业，勤奋工作，一步一个脚印，奋战在基层，默默地奉献着自己。他在平凡的岗位上却做出了不平凡的业绩，真正把全心全意为人民服务作为根本宗旨，把诚心诚意为人民谋利益作为一切工作的出发点和归宿。吴新生始终保持共产党员的先进性。按照党的思想严格要求自己，不断战胜和克服工作中的一切困难，事事为农民着想，时时刻刻维护农民的利益，并以无私的工作态度和忘我的敬业精神在自己平凡的岗位上默默无闻、无声无息地奉献着，为自己所从事的事业付出了满腔热忱、捧出了全部真诚。

这就是我们身边最平凡的人，却做着最不平凡的事，他自觉在艰苦奋斗的实践中锤炼坚强的党性，始终保持共产党人的蓬勃朝气、昂扬锐气、浩然正气。他用自己最朴实平凡的行动讴歌着共产党员的灵魂，树立着共产党员的光辉形象。他用自己的实际行动认真实践着全心全意为人民服务的思想，具有着党员的感召力和榜样的力量。他有着常人一样的生活，一样的血肉之躯，一样的喜怒哀乐，他没有华丽动人的话语，没有惊天动地的壮举，他只是在平凡的工作生活中，用自己的实际行动，为党旗增光添彩。好比那一颗颗无名的星辰，点缀在浩瀚的星空，看似微小，却闪耀着璀璨夺目的光辉，照亮着你，感动着我。好比那一面面鲜明的旗帜，引领着我们共同去开创共产主义事业的美好未来！

撰稿人：王　隆

为梦想，一直在路上
——记经济管理学院81级校友万小明

万小明，1985年毕业于北京农学院农业经济系，现任荷美尔中国区副总经理。

炎炎烈日，笔者一行人拜访了这样一位始终为梦想奋斗在路上的北农人，他就是万小明。

人生是一个布满荆棘和坎坷的道路，走还是停不会有人帮你选择。但是，梦想就在前方向你招手，可能你会被路边美好的风景所吸引，也许畏惧道路上的荆棘与坎坷，驻足不前，那么更美好的风景你永远都看不到了；而成功者必然是一直为梦想不断前行的人，他们不在乎遍布的荆棘会刺痛他们的脚，当别人沉浸在路边的风景时，他们恪守前方有最美风景的信条大步向前，所以他们成功了，他们被万千人所崇拜，这是他们应有的。是雄鹰就该搏击长空，是骏马就该驰骋千里。

对于目标，奋斗不止

1985年，还年轻的他们在肩负着中央下达的调研任务的同时喊出"为北京提供优秀的管理者"的口号。作为其中一分子，那时的他并不茫然。他觉得当时他的大学生活是有目标、有明确方向的，所以很努力的去向目标靠近，为之奋斗，一刻也不曾停歇，所以他成功了。他希望现在的学弟学妹们也应该树立自己的理想与目标，张扬个性表现自己、展示自己，不应该随波逐流缺乏自我。要明确自己感兴趣的专业，同时自觉学习，不要别人提醒与督促，凭借着自己的兴趣努力地钻研，这样方能有所感悟、有所收获。

万小明于1985年入党，在得知我们是高级党校班的同学后，万小明学长还亲切地教导我们如何正确地对待入党，并以一位老党员的身份教导我们，要有深厚的学识和成熟的思维，增加自己的内涵学无止境，希望我们在入党的道路上可以不断地丰富自己，尽早做到一名真正合格的党员。

对于成功，见解独到

坐在我们面前这位外表平平的中年男子乍眼一看很是普通，但他确实是现代成功人士之一。我们一直认为像他这样集金钱、地位、权利于一身的人，站到一定高度，才算是成功。但是，我们听了学长的一番话后才意识到成功的真谛。他反问我们："成功是什么？一个人的年薪在几百万以上这是成功？坐在一个较高的管理者的位置上这是成功？相对于农村的孩子们，你们考上了大学这也是成功。每个人对成功的定义不同，所以他们的成功也各不相同，并非要在某个领域达到巅峰。战胜自己，今天的自己比昨天强，哪怕前进一小步，这也是成功。"他告诉我们，在企业工作更重要的是结果，一个普通员工的工作能力是从结果中看到的，或许很现实，但这就是社会所承认的。所以，他建议学弟学妹们要多接触社会，读万卷书不如行千里路。在社会实践中提高个人素质，接触社会的各个单元培养自己多方面的能力。一切的积淀都是成功路上的基石。

对于未来，明确规划

当代大学生是最富有朝气、活力和创造力的社会群体，在推动经济社会创新驱动、转型发展的过程中具有不可替代的重要作用。

与此同时，大学生有生存和竞争的压力，有价值和归属的困惑，大学生的热点、难点问题不断涌现，就业问题社会化、社会问题青年化的现象越来越突出。工作，不应该等于是人生，更不应该是需要经营一辈子的事。试问健康、财富、自我成长、人际关系和时间自由，什么是努力工作的动力？答案是全部都是。进入大学学习，作为一个需要承担责任的成年人，除了顺利完成大学学业，还要为自己的未来规划，如升学、就业和感情等，预备做一个对自己、对家庭和对社会负责任的人。万小明学长说："目前大多数大学生毕业的时候，仍然不知道自己的特点，以至于毕业后迷失了方向。所以，在没有进入社会之前，需要制订个人规划，要知道自己适合做哪种类型的工作。要知道目前投入的时间和金钱是否与你的个性、兴趣和特长等相符，否则，你需要准备将来继续学习。"

规划人生是人一生中最重要的事情，每个人的一生都不相同。如何去规划，这是自己的事情，没有人可以告诉你。这大千世界中，又有几人真正清楚自己的一生。其实，人生真正不在于规划，而是在于对自我的认识与了解，一个人，只有真正地了解自己，才知道自己需要什么，才能去为之而努力和奋斗。当你真正了解认识自我以后，就会发现云雾早已散去，前路不再迷茫。

对于学习，注重实践

学长是85届农林经济管理系毕业的，所以他很期盼看到自己的学弟学妹们都能成为优秀的管理者，但是他又认为仅在学校里学习理论知识是完全不够的，在学校我们局限于书本，缺乏实际的应用能力，导致"读死书、死读书"。他建议当代大学生在学好理论知识的基础上一定要大胆地去实践,他鼓励我们要去一些大型企业做实习生。虽然没有工资,但是在企业工作会让我们真正了解自己将来的工作环境,并从中学到一些实用的工作技能,这样会有利于提高我们的实践技能。他还告诉我们,一定要明确自己将来工作的目标是要到国企、外企或私企,给自己一个定位,在接触到不同的企业类型后,要自己多加分析不同类型的管理层次和它们的运营模式。他反复地说:"在做一件事时,一定不要光看表面,更重要的是把握它的本质,学习它内在的精华并要不断地思考,最后学

以致用将有利因素为我所用,这样才不至于在竞争激烈的社会中被淘汰。"

时间短暂,可这简短的对话已足够让我们受用终生。已离校数载的他,母校的情结却丝毫未改。他总是牵挂母校的学弟学妹们,希望自己的人生阅历对我们有所启迪、有所感悟;让更多的学生可以找到属于自己的那片天空。

纵使年华已逝,昔日少年已不再青春四射。可如今已结成硕果的他,仍欲以深沉的麦穗回报母校的培育。

撰稿人:项 琳

美丽的脚印

——记经济管理学院82级校友潘建新

潘建新，1986年毕业于北京农学院农业经济系。现任北京市总工会副主席。

人在前面走，身后总是留下脚印；

无数的脚印，是一个个生命的着力点。

时间将它连缀成一条蜿蜒曲折的路；

在这路上，刻记着生命的每一寸历程、每一分价值。

走平坦的路，脚窝最浅；走泥泞的路，脚窝最深。留在石阶上的脚印最久；留在荆棘中的脚印最美。那是就是奋斗的标记。

"成功的花，人们只惊慕她现时的明艳，然而当初它的芽儿，穿透了禁锢的硬土，在还未复苏的大地洒下第一缕春晖。"而他，一生都在艰难的跋涉之中，留下布满荆棘的最美的脚印。他，就是潘建新。

遨游于知识海洋

比起许多校友在北京农学院的经历而言，潘建新的求学路更加坎坷。他出生于农民家庭，在那个年代，农民家庭的生活算不上富裕。但学长的父母还是支持他上学，在求知欲极强的他看来，学习知识是一件极其美好并值得珍惜的事情，这一切对于他来说非常幸运。因此，为能翱翔在知识的天空，他毅然选择了读取高中，考入大学。

初进大学校门，来自农村的他并没有妄自菲薄。相反地，他更加奋斗在知识的海洋，微笑着面对一切艰难困苦。他坚信贝多芬的一句至理名言——苦难是人生的老师。通过苦难，走向快乐。图书馆成为他魂牵梦绕的地方，在那里，他好似欢快的鱼儿，自由自在地徜徉于知识海洋。与此同时，他也成了老师家的常客。直到后来，老师都会为他"行方便"——额外教一些书本之外的知识给他。大学期间汲取到的知识为他以后从事管理研究等方面工作打下了坚实的基础。

对于知识的渴求同样体现在他对英语的热情。由当初入学时对英语的一知半解，到后来可以熟练掌握英语技巧，这与他的勤奋刻苦是密不可分的。经过他的不懈努力，他克服了学习英语的心理障碍并对英语产生浓厚的兴趣，以兴趣为引导，加之有一个可以随时为他答疑解惑的茅秀槐老师，他的英语成绩可谓是突飞猛进。是知识为他的成功之路奠定了坚实的基础。

业余时间，喜欢体育锻炼的他，曾参加过学校田径队，训练中长跑，并打破过学校1500米纪录，为集体争光。他还有摄影等爱好，这些都极大地丰富了他的业余生活，也使他面向成功的新征程。

奉献于基层岗位

走出校门，由学习转向工作的人生重要转折点展现到他的面前时，潘建新开始时也有些迷茫。原本要考取研究生的他，在获得家人支持、全力准备并取得了优异的成绩时，却因录取人员有限而落选了。但随即他便抖擞精神，以积极向上的态度服从组织分配，进入到北京市昌平区农村工作委员会工作。虽然他在这里工作，经常要搞调研、下基层、与农民在田间地头打交道，但他从未喊过苦、嫌过累。当别人都考虑升职加薪的时候，他仍旧默默坚守于自己的工作岗位，默默奉献于基层，脚踏实地地干好自己的本职工作，这一干就是5年。

学长有自己的信仰——爱岗敬业，将本职工作做好，以一个人民公仆的身份默默地奉献。用他自己的话说，这就是他的满足感、成就感。时间可以证明一切，由于他对工作的态度积极严谨，后来学长被任以众多的职务。现在，他在北京市总工会副主席的岗位上，依然秉持脚踏实地的工作作风，默默奉献着。

践行于成功之路

当代大学生肩负着神圣的社会使命，潘建新以一个过来人的身份，对大学生们给予了殷切的期望。他这样说到，大学生活是值得珍惜的。在学校期间，不仅能学习到广博的知识，更重要的是能掌握一种思维，这种能力一旦获得，足以受用终身。潘建新还提醒大学生们，要想在严峻的社会形势下经受住考验，要让知识不断地充实自己，要广阅博览，让自己的内心容量更大，树立正确的人生观、价值观，避免走入误区。这样才能使自己的综合素质过硬，专业能力突出，才能适应社会的发展。

潘建新还不忘引导大学生们要养成读书的习惯，例如他尽管每天工作繁忙，但一有空闲，便坐下来读书，日积月累，是一笔非常可观的财富。读书潜移默化的影响无论是在工作上还是生活上都是不小的帮助。

潘建新作为一名人民的公仆，始终秉持着谦恭待人的态度。他的成功来自于他坚持不懈的奋斗精神，更来自于他敬业爱岗、乐于奉献的务实精神。

生命不息，奋斗不止。身后是脚印，前方是太阳。不必徘徊顾盼，只需大步向前。也许你会累，但回头望去，那一路美丽的脚印，将是最美的风景。

撰稿人：班惠范　项　琳

青春无悔 岁月永存

——记经济管理学院83级校友李淑芬

李淑芬，1987年毕业于北京农学院农业经济系。现任北京国际职业教育学院会计统计学教师，曾获得新型教学国家一等奖的荣誉。

回忆过去 历历在目

李淑芬老师今年有53岁，作为一名光荣的人民教师已经26载。当说起自己所在的班级时，李老师骄傲地说自己是8341班的，并谈起当年在学校里的生活状况与现在很不一样。说起在学校里做的最有意义的事情，便是李老师在学校电教录音室工作的时候。无数个安静的夜晚，李老师都会坐在配音室配音，也正因为给教材配音，使她的语言表达和描述的能力得到了很好的锻炼，这为她后来做教师也提供了很大帮助。

在北京农学院期间，还有一件令李老师印象深刻的事情，就是作为大学生方阵中的

一员参加了1984年新中国成立35周年国庆庆典，满腔的激情活力与爱国热情深深交融在一起。当然，这些都只是李老师对于学校的一部分回忆，李老师说，北京农学院留给她的是最宝贵的回忆与一生的财富。

大学4年的时光如白驹过隙，转眼就要分别，大学毕业即将面临的就是工作问题。转眼到了1993年，李淑芬老师来到了北京市财经学校（现北京国际职业教育学院），做一名会计统计学教师，这也正式开启了她的职业生涯。从毕业到现在，李淑芬老师已经在教师这个岗位工作了29个春秋，一如既往地、兢兢业业地在自己的岗位上默默地为学生们奉献着。

创意教学　饱含深情

身为人民教师，课前备课是必须的，但更重要的是讲课时语言的流畅性，言简意赅，没有磕磕绊绊、拖泥带水，这样学生才能一目了然。因此，就需要教师自身素质的培养，对知识的积累，形成属于自己的文化底蕴。同时，李老师提倡相互尊重、平等的师生关系。与学生沟通感情重要，学生的尊严更重要。出现问题时及时解决，李老师更是独创出一套属于自己教学的模式："家长会的改革"以及自己用心制作出的"学生成长手册"，记录了老师与学生们的点点滴滴，里面还记录了临别箴言。看似平凡的事，但却记载了老师对学生深深的爱。时间匆匆，大学4年转瞬即逝，李老师告诫年轻后辈不要轻易浪费在学校的学习时光。虽是老生常谈，但却最朴实。最后，李老师还特别强调对学生人格的培养，期望后辈能懂"孝"字的珍贵，懂得孝顺父母。没有父母，也就没有我们现在优越的生活和安逸的环境。

为师之道　在于沟通

29年中，李老师教过的学生一批又一批。李老师提到，在与学生相处中尽管教育知识是很重要的，但是感情沟通也必不可少。作为老师，不能一味地要求学生去做什么，要会利用自己的人格魅力去得到学生的认可。要学会怎样和学生做朋友，这样老师和同学之间的关系就会变得亲密起来，也就会使学生更愿意亲近老师，更愿意和老师谈话。

记得在2005年，李老师怀着激动、喜悦的心情又迎来了新一届的学生。但在这一届学生中有许多人都很调皮捣蛋，这让李老师非常苦恼。她看到其他老师对此的解决办法并没有使情况好转，反而使矛盾升级，使学生与老师之间有了更大的隔阂。于是，李老师用自己独特的方式，不仅清除了学生与老师间的隔阂，还使那些原本"不听话"的学生变得更加优秀。李老师深入学生的内心，倾听学生的想法，用心去教育、引导学生。同时，在教学上也下了不少功夫，课前认真备课、授课方式通俗易懂、课下与同学们深入地交流。正是因为这些付出，李老师赢得了学生们的喜爱。

在李淑芬老师的身上，我们看到了每一位老师辛勤的付出和努力、对学生们的关爱和教育。老师，我们感谢您。鲜花感恩雨露，因为雨露滋润它成长；苍鹰感恩蓝天，因为蓝天让它展翅飞翔；高山感恩大地，因为大地让它高耸。而我们感恩老师，因为是他们让我们在知识的海洋里遨游，因为是他们让我们看清了是与非、善与恶，因为是他们让我们在困难面前有了勇往直前的勇气。

正是因为有太多像李老师这样的教师，他们奉献了自己无悔的青春，把心血倾注于教育。我们相信，岁月将会永存美好，这都将成为我们最珍贵的宝藏！

撰稿人：田　明

用踏实书写不凡

——记经济管理学院83级校友刘凤梅

刘凤梅，1962年出生，中共党员。1987年毕业于北京农学院农业经济系。在校期间，曾担任班干部，曾荣获校级奖学金、优秀毕业生。现任北京兴发水泥有限公司人力资源部经理。在工作期间，曾荣获公司先进工作者、公司和集团的中国共产党优秀党员称号。曾担任怀柔区党代会党代表、怀柔区怀北镇人大代表。

脚踏实地做事，尽心尽职为公

刘凤梅在工作中踏实认真，有很好的责任心及良好的团队协作精神，乐于接受新事物，学习能力、适应能力均较强。在1994年加入世界建材领导者——法国拉法基集团与北京市怀北矿山水泥工业公司合资成立的中外合资企业以及之后加入国有企业时均有良好的表现。在采访过程中，通过讲述以前发生的事情，让笔者感受到她是一位在工作中踏实做事、严谨认真的人，具有凡事力求做到最好的态度。这既体现了她的作风，又反映了她的心境。而且她认为做事必须低下头、俯下身、沉下心，扎实、老实才能做好每一

件事情，一直以"把简单的事情做到不简单"的态度来要求自己。工作期间，她更是尽心尽责，经常到生产现场与部门经理、员工进行交流、沟通。一方面，了解员工的需求，以便采取适宜的方式激励员工；另一方面，将公司的理念、要求向员工传递。对违反公司规定者，按照公司相关规定妥善处理。合资初期，在一次夜间检查劳动纪律过程中，发现有一名员工脱岗，在职工宿舍找到那个员工后得知此人因身体不适，未向领导请假擅自离开自己的工作岗位。最后，刘凤梅本着实事求是、有依有据、公平公正的原则，按规定书面向外方总经理提出处理意见，并得到了外方总经理的认可。当事人害怕被解

除劳动合同的顾虑也被消除，其对最终的扣款处罚也心服口服。虽然是一件很小的事情，但可以看出她是一个有责任心，做事实事求是、有原则、刚正不阿的人。她踏实做事、刚正不阿的精神既反映了她对待事业、对待工作的态度，也深深地影响着她的员工。她不仅仅是一名非常优秀的共产党员，也是一位非常优秀的带头人、领导人。

竭尽所能做事，仁心爱心待人

对于有困难的人，刘凤梅总是能帮就帮，可以看出她是一个有爱心的人。在采访的过程中，笔者得知她之前经常默默帮助家庭困难的人。例如，在她所在的合资公司中，曾经有一个员工因患糖尿病在医疗期满后被公司终止了劳动合同，但是这个员工家里十分困难，刘凤梅就主动向外资负责人反映其实际情况，向公司为其申请经济困难补助，解决了这名员工的经济困难。她还为因不适应合资企业工作而被解除劳动合同的人员多方推荐适合的工作单位。刘凤梅的爱心行动感动了许多人，也使许多人得到了温暖。她告诉笔者："人人管闲事，世上没难事；人人都帮人，世上没穷人；千千治家，用一千份的力量来治理自己的家，即使你没有亿万身价，没有强大的社会影响力，也不妨碍你帮助他人，成为一个有爱心的人。而且，作为一名党员和一名管理者，自己更要多为有困难的员工解决问题，帮助他们度过难关，让员工们感受到爱与关怀。"

做好点滴之事，大家小家兼顾

在工作生活中，她注重细节，乐于助人，有爱心，帮助一些生活比较困难的人。

在家庭生活中，她孝顺父母，爱护孩子，家庭和睦美满。在工作中，刘凤梅一直是十分热心的一个人。她说："工作上要讲究人性化，在政策、制度允许的范围内，我都是能帮就帮的。"刘凤梅所在的合资公司中曾有一位年近50岁且患有高血压的员工在1999年年终的绩效考核中排名最低，按规定是要被终止劳动合同的。刘凤梅知道他家中有智障的儿子，妻子没有工作，家庭十分困难，此时失去工作，无异于是雪上加霜。刘凤梅主动为这位不懂劳动法律和公司制度的员工进行讲解，并向他提出了很多有建设性的意见，帮助其向公司提交了困难补助申请，最终为他申请到5000元救助金。在该员工达到55周岁离开公司时，刘凤梅还积极与当地劳动部门协调，帮助其办理病退手续，使其按月领到了退休金。为此，该员工特地带了家中自产的一兜栗子对刘凤梅表示感谢。生活中的刘凤梅对于自己的家庭也是尽心尽力，时刻关心着自己的家人、细心照料着自己的父母，家里人的关系一直是其乐融融的。作为一名合格的、优秀的共产党员，不是要做什么惊天动地的大事件，而是要从自己做起，从生活的点滴做起。随时随地去关心身边的人，随时随地去关心、关爱自己的家人。即使是一次真诚的问候，一次热心的指路，一次雪中送炭，都是值得学习的。

未来充满希望，殷切寄语校友

作为一名北京农学院的校友，她见证着母校一步步地发展壮大。如今的北京农学院校园如花园般环境优美，办公和教学条件十分优越，学校在学术上的研究能力也已经雄厚起来，刘凤梅感到十分的高兴，也十分的自豪。在长时间的接触后，她感叹到，北京农学院年轻的校友们人才辈出，但都有一些共同的特点，就是：做人很踏实、不浮躁，工作上认真、严谨，保持着北京农学院一直传承下来的求真务实的精神。作为一名在人力资源岗位上积累了很多经验的校友，刘凤梅也无私地给学弟学妹们提出了一些建议：她希望北京农学院的莘莘学子将来在从业的时候不要眼高手低，要注重细节并善于从生活中、工作中学到新的知识；在人际交往方面，要多与人沟通、交流，建立良好、互动的人际关系。对于环境和条件比较差的工作也要吃的起苦，不要因怕吃苦就说走就走，要讲究诚信。

刘凤梅是个普通人，但她更是不平凡的。在她身上不仅有一个成功者的霸气，更闪烁着人性的光辉。她的踏实、她的无私、她的仁心，无论何时何地都将在代代北农人手中传承。

撰稿人：马新宇

桃李之情 言传身教

——记经济管理学院83级校友李晓莉

李晓莉，1965年出生，1987年毕业于北京农学院农业经济系，1995年加入中国共产党，现为丰台职工大学教师，任教27年，主要教授统计学、社会调查与研究等课程。

时间的车轮滚滚地碾过，留给我们的除了记忆似乎真的没有什么了。所以，有些人就爱上了怀旧。回忆是自己用岁月积淀下来的，它越来越充盈，而在这之后向回忆的湖泊轻掷小石就会激起层层涟漪，水花一直泛到岸边，轻抚着人的心灵。对于优秀校友李晓莉来说，她的回忆更是让人回味无穷。

大学之梦终实现

大学时的梦想就是成为一名教师，毕业后虽然几经波折，但是也算是完成了自己当年的梦想。

毕业之后，李老师也随着分配大潮走上了自己的第一个工作岗位——大兴农村经济

经营管理站。虽说自己一直梦想当一名老师，但是在那个年代没有人能够选择自己被分配的单位。后经努力，李老师终于实现了自己在大学时的梦想——成为一名教师。

回忆纯正的学习气氛

她回忆说，当年的校园可没有现在这么大，在20世纪80年代初上学，当时艰苦的条件不言而喻。但是，当时的学风是无比纯正的：当时没有强制的自习，可是同学们都非常自觉，每天晚饭过后就自己去到教室上晚自习，一般的同学都是晚上10点多回宿舍休息，如果是很努力的同学会一直上到11点多才回去休息。

令人骄傲的情谊

当谈到所在的班级时，李老师骄傲地说起了2013年9月学院举办的入学30周年庆祝活动。当时，她们8341班一共出席27人，而班里一共33人。据她所知，在同届的班中自己班返校的同学最多，可见这是一股多么强的凝聚力。岁月流逝，只有真情不变，因为时间造成的距离是会变化的，但是人与人的心如果没有了距离，时间再久也不是问题。现在的社会，人与人的感情是不是再一次受到了威胁，其实有很多问题如果我们向长者求助，我们得到的答案就会更有可操作性，因为他们的经历就足够我们品味许久。

对长辈提拔的感恩

刚刚步入教师这个行业，李老师并不熟悉业务，也没有太多的专业技能，都是学校的领导和老教师指导带领着她一步一步熟悉这个岗位，慢慢提高自己的专业技能。她说不论是在大兴农村经济经营管理站还是丰台职工大学，领导和同事都给予了她莫大的帮助，二十几个年头过去了，那些温馨的画面却仍使她印象深刻，对领导和同事的感激之情丝毫未减。就这样，李老师带着对同事的感激和对工作的热爱，在成人教育这个领域里挥洒着汗水、奉献着青春。

对后辈的嘱托与寄望

对于刚刚走入大学校门的新生，李老师说："一定要树立明确的目标，这样才不会荒废大学时间，才不会被太多无意义的事占据时间，才会把更多的精力放在有意义的事情上。没有时间、没有精力都是借口，一切的失败都只能归咎于自己的无目标、懒惰、半途而废。"李老师的话发人深省，提醒着大学生们要时刻检查自己身上的不足之处，悬崖勒马。当下，还有许多学生被自己感兴趣的社团束缚住了手脚，占去了大量的时间和精力。谈及这个问题时，李老师说："现在大学社团种类众多，不像他们那个时候只有交谊舞，周五偶尔还有晚会。现在各种各样的社团可以帮助学生们释放个性，发展爱好，适当参加活动是好事，但是一定要分清主次，不能丢了学习。"

难忘母校之恩

转眼间，李老师走出校门已经29个年头，谈起母校，感激之情越发浓厚。大学4年中，给她留下最深刻印象的人是胡兴池教授和隋文香老师，这两位老师曾带领着他们去通州、大兴等地实习，一起吃、一起住、一起调研。谈到此处，李老师难掩激动之情，可见她对那段美好的过往是多么记忆犹新，她对那些恩师的感情是多么真挚。

李老师说，北京农学院，她的母校，给了她太多太多的回忆、太多太多的影响，她现在的成绩也大都归功于母校。她的现在拥有的知识、科研能力、学习方法甚至是为人处事的细节都是在大学阶段培养的，可以说大学4年就是李老师的一个人生转折点。最后，李老师开始感叹日新月异的学校。她说："北京农学院是最美好的地方，这里孕育了一批又一批的莘莘学子。"她还一再嘱咐我们，要注重理论学习，但更重要的是实践，理论与实践相结合才是走向成功的王道。

撰稿人：祁 倩

夜空中最亮的星，照亮前行的路

——记经济管理学院83级校友黑岚

黑岚，中共党员。1987年毕业于北京农学院农业经济系。现任北京教育学院财经系主任、副教授。曾获得2009年北京教育学院"三育人"标兵、2010年北京教育学院师德标兵等荣誉。

她就像夜空中的繁星，照亮前方黑暗的路，给人带来温暖和希望。她说，她愿意做颗平凡的小星星，虽然渺小，却能带给人力量。

——题记

甘为灯塔　指引航行

黑岚说她是一个乐观进取的人，当老师很久了，没有感觉这个职业让她有一点枯燥之感。老师，是一个平凡的岗位，但黑岚说她无悔自己一直埋头教师的选择。她说："一个人，要有满足感，那么就要自己的幸福感，就要找到自己对幸福的定位、自己对幸福的诠释。人生，不是有多少钱的人就一定快乐，也不是那些清贫的人就不快乐，找好自己快乐的点，我们才能在生活上给自己保留一颗快乐的心，才能在自己的岗位上不断进步、不断发展，为自己、为社会尽到自己的一份力。"她愿意将自己的青春奉献给教育事业，愿意当灯塔，指引她的学生走上正确的路。她的平凡与伟大紧密相连，在现代社会中，有些人不愿做那些认为是平凡的事，而她就是用这些平凡的事迹践行着党员的义务，她没有轰轰烈烈的伟业，也没有惊天动地的壮举，只是在平凡的工作岗位上把平凡的事做得那么不平凡，用自己的行动，坚守着一名普通教师的责任，实践着一位共产党人的先进性。

甘于奉献　不辞辛苦

一直以来，黑岚对本职工作，永葆一颗"全心"，全心全意，不辞劳苦。参加工作以来，面对各种各样的工作，她有股不服输的劲，从不向困难低头，凭着一股赤诚的奉献精神，顽强地追求着自己事业的完美。她说："在事业上，讲求的是一个眼力劲，很多事情都是我们自己发现去做的，而不是上头吩咐去做的。"她对工作有极强的责任心，着眼于每一个细节，将上下之间的工作都做得非常到位。工作时，她对下级要求极严。如开会时，她会要求大家准时到，并且手机要调静音。私下里，她也会跟同事开玩笑，创造一个宽松、快乐的环境，让每一个人都能减小压力，快乐的工作。甘于奉献、努力工作，就是她在自己岗位上的完美写照。

寄予希望　悉心教诲

黑岚教授还和我们谈到了关于学习方面的一些自己的看法，她说："大学不再是自己考得好，以后出去就一定好的了，我们必须结合实践、结合社会，不断地完善自己，我们可以充分地利用学校的资源，比如说，一些名师讲座、一些社团组织或者一些辩论赛。这样，才能很好地给自己一个提升的空间。"

同时，她还提到："在大一，我们应该明白，自己应该有长期或者短期的规划了，大学其实就是一眨眼的事情，不知不觉一年、三年、四年就过去了。所以，要明确自己将来是要考研还是要就业，或者入伍。这些都是要从现在开始准备的，时间不会再给我们一个回去的机会，珍惜当下，把握现在，是每一个大学生应该明白的事情。只有这样，我们才不会在以后真正面对社会时'摔跟头'，才能走得稳稳的。黑岚说她对我们有足够的信心，希望我们从现在开始规划未来。

"春蚕到死丝方尽，蜡炬成灰泪始干。"这是她作为一名共产党员对生命价值的追求。全心全意为人民服务是中国共产党的一贯宗旨，作为一名国家干部，长期以来她都恪守着"奉献不言苦，追求无止境"的人生格言。这就是我身边优秀的共产党员，她自觉在艰苦奋斗的实践中锤炼坚强的党性，始终保持共产党人的蓬勃朝气、昂扬锐气、浩然正气。她用自己最朴实平凡的行动讴歌着共产党员的灵魂，树立着共产党员的光辉形象。虽然她是浩瀚星空很平凡的一颗星，但是却带给了人希望与温暖。

撰稿人：穆晓双

松柏精神，磨砺成功人生
——记经济管理学院85级校友韩耕

韩耕，1989年毕业于北京农学院农业经济系。1989年7月参加工作，1988年3月入党，在职研究生（北京师范大学法学院诉讼法学专业），法学硕士，高级政工师。曾任中共昌平县农工委副书记、中共昌平区兴寿镇党委书记、中共昌平区委组织部常务副部长，中共密云县委常委兼县委组织部部长、县委统战部部长、县委党校校长、县行政学校校长，中共密云县委副书记兼县委政法委书记。现任北京市赴内蒙古自治区第三批挂职干部领队、内蒙古自治区党委组织部副部长。

直面坎坷　自学成才

直面坎坷是韩耕成功的助推器，再多的困境都不能湮灭他一直怀揣的大学梦。1982年，他第一次参加高考，但没能考上大学，却成为一名印刷工人。在工作期间，他从铸字车间历经排版、印刷和校对等多个工作岗位，都取得了较好成绩，得到师傅和同事们认可。在努力工作的同时，他始终坚持自学，终于在1985年，以优异的成绩考入北京农学院农业经济系，开始了饱含未知与憧憬的大学征程。

夯实根基　厚积薄发

在大学期间，韩耕长期担任班长和团支书的工作，并获得了优秀学生、北京市三好学生和大学优秀毕业生等荣誉称号。不仅如此，他还成为了一名光荣的共产党员。团队的力量是成长的动力，他所在的班级荣获了北京市"三好班集体"称号。满载的荣誉并未动摇他那颗如松柏般谦逊的心，作为班长的他认为班级之所以能获得这项荣誉，是和班上全体同学的努力分不开的。在浓郁的学习氛围下，他与同学相互帮助、一起进步。大学不仅教会他知识，同时也为他提供了很多金子般的经验。在校期间，他积极参加各种社会活动，作为学生代表参与了学校的后勤管理，担任伙食科科长，成为教职工与学生沟通交流的纽带，促进了学校后勤管理水平的提高，改善了职工与学生之间的关系。

他很感谢母校，他觉得这里是他一生中收获颇多的地方。他认为，母校良好的学习氛围可以感染更多的同学共同学习和进步。4年的大学生活是对人生的积淀，这是积累的过程，为大学生们的未来奠定基础、打下根基。大学生活让他脱去稚气变得成熟，让他丢弃迷茫变得专注，让他摆脱平庸变得瞩目，获得了不可多得的知识和感悟。

投身农业　无私奉献

毕业后，他放弃了去大机关发展的机会，回到家乡投身到农村建设当中。在中共昌平县委研究室工作期间，因工作成绩优秀，毕业两年就成为经济政策科科长。之后的20多年，韩耕先后在昌平区、密云区多个领导岗位工作。

在同事们眼里，他有很强的履职责任和工作能力，一直在岗位上勤奋工作、默默奉献。经过他和同事们多年的努力，获得多项成就，如打造了北京草莓第一镇，树立"兴寿草莓"的品牌。

现在，韩耕受组织委派，赴内蒙古挂职，担任第三批赴内蒙古挂职干部总领队、内蒙古党委组织部副部长。在内蒙古工作期间，作为分管人才工作的副部长和内蒙古自治区人才协调小组办公室主任，韩耕创新性地提出草原英才鸿雁行动，夯实京蒙高层次人才交流平台，主动承接首都智力输出，从京津冀、长三角、珠三角和欧美同学会为内蒙古柔性引进各类高层次人才近1 500人，有力地支持了内蒙古经济社会发展。作为第三批北京挂职干部总领队、临时党总支部书记，韩耕团结带领全体北京挂职干部围绕中心、服务大局、严守纪律、真抓实干，亲自组织京蒙两地各层次对接交流、产业对接助力赤峰、乌兰察布扶贫攻坚和京蒙对口帮扶合作，团队成绩得到京蒙两地领导的高度赞扬。韩耕经常深入盟市、旗县、苏木乡镇调研走访，看望慰问困难党员和牧区群众，与内蒙古基层干部和农牧民结下了深厚友谊，为京蒙对口帮扶和区域合作贡献出了极大热情，树立了北京干部的良好形象。

坚持不懈　松柏精神

作为一名党员干部，韩耕深知履职能力素质的重要性，十分重视学习，用知识不断丰富自身，增强自身的知识储备。先后在中共北京市委党校、北京师范大学进行在职研究生学习。与此同时，他还在每周五晚上组织部门内的所有人员进行"请进来"的业务学习，请一些知名的教授学者来讲课，提高自己的思想认识，进而提升自身的业务水平。松柏之所以是松柏，正是因为它坚持。在工作之余，韩耕还坚持阅读各类报刊，学习领会党和国家的路线、方针和相关政策，不断增强思想的前瞻性、眼光的敏锐性、工作的创新性。

韩耕经常说："经历就是财富"。因此，无论什么事，他都喜欢深入细致地思考，踏踏实实地实践，这就是他的人生准则和态度。一如沉默而挺立的松柏，无言而用心。

在学习的时候，沉淀自我；在工作的时候，释放自我；在生活的时候，丰富自我。这就是韩耕的生活缩影，无论何时何地，他都如同一棵松柏，深深地植根于每一个后辈的心，以其坚强的精神力量支撑着我们不断向前。

撰稿人：项　琳　徐志峰

感恩生命，收获成功

——记经济管理学院86级校友王士良

王士良，1990年毕业于北京农学院农业经济系。现任北京工商行政管理局昌平分局纪检组组长。

生命的赠与——美好的回忆

王士良告诉我们，北京农学院给他的第一印象是简单而空旷的。但是此时，曾经简单空旷的北农，早已被他的思念填得满满的。

聊起曾经的校园生活，他说最不能忘记的是同班同学。大学同学之间的感情就像是陈年老酒，足够用一生的时间慢慢地品尝、慢慢地回味。岁月、时间，都是我们用尽全力也抓不住的东西，它能带走的东西太多太多，但是这些感情却远不是时间可以磨灭的东西，因为曾经一起努力、一起成长、一起经历过太多太多的事情。虽然大家现在有了各自的家庭和事业，但他和班里的一些同学还会时不时地聚到一起，聊一聊各自难以忘怀的大学时光。

毕业之后，王士良也曾回过承载他满满思念的母校。再次走入校园的他，熟悉与陌生的反差一同涌上他的心头。一栋栋崭新的设计时尚的教学楼、一座充满书香的图书馆、一个个充满朝气的新面孔。这些无一不让他感叹着学校变化之大。他有点不好意思地说："我差点找不到当初的'家'。"即使毕业了很多年，但是提起北京农学院，还是让他存在这一种亲切感、自豪感。

"在农业领域工作，经常会碰到北京农学院的校友，虽然不是一级的，但仍然觉得他们有种家人的熟悉感。而且我们许多毕业生都很成功，在工作上也毫不逊色。"王士良觉得自己要做的是让自己成为北京农学院的骄傲，就像自己因为北京农学院骄傲一样。

他说："感谢生命的赠与，让他有了一辈子的家，一辈子的朋友，一辈子满满的美好回忆。"

生命的指导——务实的工作

在北京农学院学习的日子让他收获颇丰。"农林经济管理是个比较综合的专业，学习范围很广泛，所以进入社会中很多工作都得心应手。"他说这是农学院给他最大的"礼物"。

"老师务实的教学方式对我的影响也很大。"他这样说道。这认真、朴素的教学方法让他着实感动，而那种在学校里学到的不畏艰苦的精神也在他的工作中、生活中体现了出来。

带着从北京农学院学到的宝贵财富，王士良在工作中踏踏实实地走着每一步。从昌平区小汤山工商所办公室副主任到小汤山工商局所长，到食品办综合科科长，再到工商局纪检组组长。"我认为，成功不是一个很大的概念，它可以是一个很小而可行的目标，然后倾其所有为之而努力。让家庭幸福是一种成功，培养出孩子也是一种成功，成功总在你身边。"这是王士良所理解的成功内涵。

在昌平区小汤山工商所工作的时候，王士良经常亲自带领自己的队伍，联合有关部门进行联合执法行动，整改无照经营等问题。对人民群众健康危害比较大的无照经营活动，他们采取了严厉的打击力度；而对于类似缝制衣服或者自产自销蔬菜等风险较小的商户，则按照"引导办证"的原则进行管理。王士良初到工商所的时候，小汤山地区无照经营的有100多户。但在他工作的6年里，整个小汤山地区的无照经营商户的数量并没有增加，这也保障了人民群众的健康安全。即使后来调到食品办时，他也严格要求自己，不能因为个人的不理智造成食品安全事件处理起来缓慢，造成更重大的影响。正是王士良严格完成自己制定的每一个目标，才让他有了出色的工作成绩，有了今天的成就。

他说："感谢生命所给予他的指导，不只是知识和方法的指导，更是对自己思想上的指导。"

生命的收获——成功的经验

1996年，王士良面对鲜艳的党旗，进行了庄严的宣誓，正式成为了一名共产党员。在党员队伍中的他已经度过了20个春秋，20年间，随着工作的变迁和生活阅历的丰富，让王士良对党员的含义有了更深刻的理解，更让他把党员精神变成了一种习惯，在工作、生活中也是一丝不苟地把党员精神认真贯彻。也正是这20年的经历，让王士良对中国共产党的热爱进一步深厚。

最后，王士良分享了他多年奋斗过程中得到的学习工作经验：一是，要脚踏实地。只有接地气，多实践，走出学校后才能适应社会。二是，要学会开放和包容。开放是自身要努力学习知识，可以从课本学来，也可以像向身边的人学习，吸收别人的优点；包容是对身边的人和事有一个包容的态度，每个人都有自己的路，有自己的想法，学会包容才能走得更长远。

他最后说到，很感谢生命给予他的一切，让他能有一段美好的记忆，让他学到了脚踏实地的工作，并懂得了成功的意义。

撰稿人：田　明

永不停歇的追梦者
守护舌尖上的安全
——记经济管理学院88级校友张文举

张文举，1992年毕业于北京农学院农业经济系，中国农业科学院研究生院农业工程管理在职研究生。现为北京农学院客座教授、河南科技学院客座教授，副研究员，九三学社社员，曾任中国农业广播电影电视局制作的科教电影、电视专题片《新型肥料海藻肥》科学顾问。

踏实肯干，一路挥洒汗水

踏实肯干、努力进取一直是张文举的特点。在那个特殊的年代，他毅然为自己的理想不断奋斗着。通过自己的不懈努力考取了北京农学院，成为了农业经济管理专业的一分子。在学校的这段时间，由于他学习异常刻苦、成绩突出，最终在毕业的时候被学校举荐在中国农业科学院原子能利用研究所（现农产品加工研究所）工作。

在中国农业科学院工作的这段时间，张文举初入社会的迷茫到最后对生活目标的坚

定执着，无不彰显着他的努力和处处挥洒的辛勤汗水。他的生活也十分规律，严格遵守规章制度，每天看报、整理资料。稳定安逸的生活虽然惬意，但是他总觉得这不是他想要的生活。他说："生于忧患，死于安乐。安逸的生活不能让我自主发挥，要寻求突破，必须换一种生活。"由此，爱思考、有着强烈责任感和使命感的张文举开启了另一段人生旅程，驰骋在梦想的道路上。

梦想为剑，一路披荆斩棘

张文举具有20多年中国农业领域工作经

验，擅长营销管理、企业经营管理、人力资源管理、行政管理、植物营养和土壤修复等多领域专业技能。如此丰富的工作经历源于他对梦想的不懈追求。

了解自己，给予个人发展准确定位。在中国农业科学院工作时，他不断思考人生，由于当时是做产品推广工作，不参与科学研发，他深知把科技成果运用到农业生产是一个很难实现的目标，因为科研成果有时根本没有考虑到实际的经济投入等一系列情况。在甘肃农村进行调研时，他更是亲身感受到了农业生产中的问题，为了解决现实中的农业难题，他决然地辞去了中国农业科学院的工作，向着他的理想去前进。

虽然他知道以后的道路上可能会遇到很多的困难，但他还是无所畏惧地去实施了，这是信念的力量。正是拥有坚定的信念，在他的人生征途中，他才能很容易选择机会、很容易抵制诱惑、很容易挑战困难。在他辞职之后，他先后遇到两个比较好的工作机会：一是在建设部（现住房和城乡建设部）某综合服务中心工作，二是组建某医疗机械中心驻北京办事处。但是，他最终还是选择了在与农业有关的某公司任职。他说："我事后也在想过，如果我当初选择了另一个方向，或许我比现在生活得好，但是那已经背离了我的理想，现在的我生活得也很好。"

勇敢创业，守护舌尖上的安全

在企业工作了10多年，喜欢思考的他逐渐发现自己的有些想法与公司的发展方向不能吻合，也不能很好地把自己的想法付诸实践。他可以选择收起自己的想法，按照公司的想法去发展，但是这仍不能为农村很好地

服务，不能更好地实现自己的理想。同时，在20多年的农业领域工作中，他对农业生产中过渡使用化肥、农药和不科学的农作物栽培管理造成的土壤退化、环境污染以及食品营养和安全的重大社会问题深有感触，并想在这方面做些有意义的事。

为此，在经过充分地准备之后，他与中国农业科学院、中国农业大学的专家和朋友联合创建了艾谷瑞（北京）生物科技有限公司。以"守护舌尖上的安全"为使命，以"健康土壤、健康作物、健康环境、健康人类"为责任，致力于依托自有知识产权的海洋生物技术和微生物国家发明专利技术，开发出了土壤修复、解除连作障碍、植物营养调节、植物免疫和平衡营养等功能型生物肥料系列产品，为农民提供农业生产解决方案，并提供农业生产产前技术培训、产中技术指导和产后农产品销售渠道全程技术服务。经过几年的推广，已经在蔬菜、果品、中草药和部分大田作物上完成栽培管理规程的建立和示范推广基地的建设，生产出的农产品全部达到绿色食品要求，部分达到有机食品的标准。他既实现了自己的理想，又能通过自己的努力为农村当前现状做出一些好的调整。他最常说的一句话："没有什么对与不对，只要你认为是对的、对社会有意义的，然后你去做了，那就是对的。"

准确定位，一路风雨兼程

在谈到当代大学生的问题上，张文举非常健谈，给予了很多宝贵的指导和建议。大学是一个亚社会，是从一个学生、孩子走向社会的熔炉，是认识自我、定位自我、完善自我的阶段。大学是人生重要转变的一步，

走好了这一步，"天高任鸟飞，海阔凭鱼跃。"没有走好这一步，或许就是"夕阳西下，断肠人在天涯。"

设定目标乃是重中之重，是转变的枢纽。犹如在大海中航行的船舶，永远都需要灯塔来为自己指明前进的方向。明确了自己的目标之后，就要根据自己的目标制订相关的实施方案，考虑自身条件、能力，再加以整合身边的各种资源、机会，充分发挥自己的优势，认识到自己的不足。如果是不关键的，则需要尽可能地回避；如果是关键的，则需要努力地补充。在做每件事之前，都要明确自己的目标，经过长期地积累，会养成一个良好的习惯，成为一个定向的思维模式，对以后的人生发展有着很积极的作用。还要做到知识与实践相结合，这样就可以"会当凌绝顶，一览众山小。"

在对大学生教育的问题上，张文举也有着自己的独到见解。由于现在的学生大多数都处于一种"浮"的状态，而且心理承受能力比较低，对其进行教育时，要赞美教育与挫折教育并用。犹如阴阳两极，做到一个比较平衡的点，那对于学生的成长是非常有帮助的。

张文举用半生诠释了什么叫做追梦者。他一直坚信，空谈误国，实干兴邦；他更坚信，在仰望星空的同时，更需要脚踏实地。

采访者：徐志峰

撰稿人：徐志峰　项　琳

踮起脚尖，触摸最美的星星

——记经济管理学院95级校友班淼琦

班淼琦，1999年毕业于北京农学院经济贸易系。现任零点集团副总裁，兼零点公共呼叫中心总经理、注册咨询师。

仰望天空，当人人艳羡于明辉光洁的皓月时，她微笑着说，星星才是我最想要的。

——题记

职场精英

经济管理学院95级校友班淼琦十分健谈，举止投足都透着一股"女强人"的气质。她有着10年市场调查行业工作经验，在烟草、汽车和房地产等行业进行过深入研究，是零点公司专门培训的 Focus Group（FG）主持人。她擅长调查抽样设计及抽样质量控制、客户满意度研究、神秘顾客监测、快速消费品市场状况监测、渠道管理、消费行为和消费需求研究，曾就市场调查方法、策略性的房地产行业研究模式和方法等主题在多个论坛及总裁培训班进行演讲。成熟干练的班淼琦游刃有余地驰骋于商界战场中。

成功，就是夜空中你最想要的星星

当大多数人以金钱、权利或是地位判断成功与否时，班淼琦认为成功就是达到了自己所设定的目标。好比浩瀚的夜空中，人人将月亮视为宠儿时，班淼琦钟爱的却是一颗星星，星星或许渺小，或许没有月亮的皎洁耀眼，但它却是自己最想得到的。"所以，成功的第一点就是定位很重要。"班淼琦说道，"作为刚毕业的大学生，进入公司重要的不是薪水或是职位，而是是否能学到大量实践工作经验。"在公司里学得的经验，每个不起眼的技能都是碰触理想时所需的矮矮一蹴。"另外，吃苦很重要。"班淼琦指出，"吃苦能够给予我们机会，机会是创造出来的，而不是等出来的"。她还强调了开放的心态，"开放的心态使你可以从不同的人中汲取不同的营养，另外一个残酷现实就是在职场中没有绝对的公平，开放的心态对于摆正自己的位置，预期未来职场是一个基础的心态。"

学而用之，学而广之

像很多人一样，班淼琦也是通过不断地学习才有了今天的成功，而对于学习意义的深刻体会却是在职场打拼多年以后感悟出来的。谈起学生时代对于学习的认识，她说，"那个时候的学习更多的是惯性，是学生的本职，有很多被动的成分，目的也不明确，学完了、考完试就都忘了。"而进入职场以后，学到的东西马上就转化为一种技能。

因此，对于当代大学生的学习，班淼琦建议主攻专业课。她指出，"专业课学到的知识可能与将来从事的工作密切相关，学到的是一种技能；而对于其他课程，我们学到的应该是一种理念，如管理学课程被称之为'万金油'，是因为它的理念是适应于各行各业的。"

除了学习课本知识外，班淼琦建议大学生应该多多涉猎其他门类的知识，"不仅要学得精，还要学得杂，各方面的知识都了解一点，对今后的就业是有帮助的，只是你现在还看不到。"

从"学校人"到"社会人"

对大学生来说，要完成"学校人"到"职业人"的转变，是进入职场的第一个难题。为此，班淼琦建议大学生要在大学期间有意识地培养这些必需的能力。她并不否认学校社团活动能锻炼一定的能力，但是这些能力毕竟是有限的，她认为，大学生应该把一部分精力投入学习其他能力中。"在大学里，努力做一个'社会人'，而不仅仅是一个'学校人'。"她建议大学生多接触社会，通过网络、活动等多种渠道，结交对自身成长有用的社会性朋友，发展人脉资源，提升自身社会适应能力。"最后就是要做到脚踏实地"，除了我们平常所理解的"脚踏实地"以外，她还举了一个例子来说明：例如，你每天坚持写博客，到了面试的时候，把你写过近半年的博客整理好给面试官看，面试官就会觉得你是一个坐得住的人、办事踏实的人。

寄望"草莓一族"

对80后、90后来说，有一个形象有趣的比喻就是"草莓族"，意指外表光鲜亮丽，其内部却是苍白、柔软，承受不了挫折，一碰即烂，不善于团队合作，主动性及积极性均较上一代差。班淼琦对此表达了自己的看法，她认为这种说法只是一个代际研究的一个概念，80后、90后并不是不能吃苦，只是可能不如前几代的人能吃苦。因此，80后、90后遇到困难选择的解决方式更倾向于逃避。正因为如此，她鼓励80后、90后的大学生勇敢面对困难，持之以恒，只要能坚持，就可以成为80后、90后中的佼佼者！

是的，月亮的完美无瑕是不容置疑的，可如果星星点点的希望更能触动你的心怀，激励你勇敢奋进，那么何不借助于准确的定位、开放的心态和勇敢走出去的梯子踮起脚尖，触摸最美的星星呢？

采访人：李　硕

撰稿人：李　硕　王　薇

做最强大的自己

——记经济管理学院99级校友程音

程音，2003年毕业于北京农学院经济贸易系。她是一位在人生路上抢关夺隘、一路向前的勇士，更是一位敢于挑战多磨多难人生的精神巨人。

生命是舟，注定要在生活的河流里破浪航行。在生活的河流里，有碧波荡漾也有逆浪翻卷，有水缓沙白的平川也有礁石林立的急弯险滩。放舟平湖，一帆风顺固然是天下人之心愿。可是，人生俗世间，又岂能事事如意、时时顺风？在困难面前，我们不能做弱者，只可以争取做最强大的自己。

梦想发芽，辛勤灌溉

在那个年代，步入大学的校园，是无数青年的梦想，但也是难以实现的梦想。那时的高考如同千军万马过独木桥，许多人被挤落桥下。因此，不得不说程音很幸运，在无数人为追求梦想而找寻方向的时候，她已然

为了梦想的实现而付诸行动了。当然，成功是百分之九十九的努力和百分之一的运气加在一起才能实现的。在这方面，程音不曾迷茫，初入大学的她便规划好了自己的人生道路，明确了自己的目标，在有限的时间里做出对自己有利的事。

她的大学生活是充实忙碌的。她向我们强调："学习很重要，在她们的年代上大学很困难。步入大学之后，学生应更加注重学习，现如今上大学已不再那么艰难，学生感到迷茫失去了目标，这一刻就应该注意自己的学业。"她还教育我们要勤于实践，积极参加学校组织的活动，要多给自己一些实习的机会，使自己掌握更多的实习经验，最好能在4年的

时间里制作一份属于自己的简历，随时间的流逝不断充实，当毕业到来时便有了一份完整的简历，形成自己的竞争优势，这样才能不被复杂的社会环境淘汰。

前路坎坷，毫无畏缩

程音讲述了她在大学时的信仰，她自信一定能成为她们班级第一个找到工作的人。大学毕业时，她找到了工作，看似平静的人生旅途不会使人成长，总要有些波澜才能给平淡的人生增加色彩。当问起她的职业历程有无挫折时，她告诉我们："挫折总会有的，只是呈现的形式有所不同。当我们面临选择时、工作出现失误时、对某一事物充满迷茫时，这些都是挫折。但是，重点不在挫折本身，应关注的是如何面对挫折：面临选择做出选择是一种成熟，直视错误而做出更正是一种成长，迷茫之时找到方向付诸行动是一种成功。"之后，她告诫我们工作中不要投机取巧，学习中没有捷径，要能静下心将自己深深地沉下去，在面对身边的人来人往时，要能做出真正对的选择。企业就如同是一个社会，你做错了事、做错了选择，它不会给你第二次机会，所以要强大自己的内心，要能坚持自己的观点和梦想。在追梦的道路上不要过分宽容自我，不要转移自己的目光。

梦想起航，坚持不懈

程音说："梦想因人而异，会有人追求生命的华丽动人，也会有人追求生活的恬淡静好。梦想不同，处事原则也不同。年轻的我们肩负着更大的责任，应当树立自己远大的梦想，不仅仅是拘泥于安分守己。目标要清晰明确，要能持之以恒并用能其强大自己的内心。总之，要保持自己长存一颗纯净的心，需要的

是守住内心的坚持。"

时光匆匆，珍之惜之

当向她提及大学生活时，她向我们回忆了大学的忙碌与充实。"我们的学校远离城市的喧嚣，没有太多纷纷扰扰，是一片静谧的土地，是学习的乐园。学生在这里应珍惜自己的大学生活，留下美好的回忆。"这是她对我们说的话，她告诉我们："不要浪费自己的生命，大学是值得珍惜的，是我们独有的美好时光，学生在这里汲取养分，用知识武装自己的大脑。在课余时间进行实践，丰富自己的人生经验，为自己步入社会舞台奠定良好的基础。只有打好了基础，我们才不会被社会埋没，才能活出真正的自己，用自己的双手实现我们的梦，建立美好的明天。而带着这份回忆，我们会塑造出真正的自我。"

甘做明灯，引航破浪

作为前辈，她深知毕业生找工作的艰辛，于是在她的倡导下开展了"雏鹰计划"，一个针对在校大学生的培养训练计划。她为学生提供训练实习环境，让学生更直接地实践自身所学，使学生系统地掌握职场技巧，并且更好、更快地融入社会——这是为学生架起的桥梁，让年轻的后辈可以少走些弯路、少一些迷茫、多一份自信。

时间的脚步总是走得太快，但在这短短的时间里，她向我们倾诉了人生的规划，让我们领悟了梦想的重要，教会我们要让内心强大，做内心强大的有志青年。四年北农路将清晰无限，我们不再不安、不再迷茫。有梦想、有信仰，相信我们无比强大！

撰稿人：项　琳

附 录

FULU

经济管理学院大事记

1962年

学校筹办农业经济专业，由杜兴华负责。

1963年

1月，成立农业经济专业，中专。教师3人，杜兴华任教研室主任。

8月，招收第一批学生，2个班80人，中专，学制4年。

1964年

夏季，招收2个农业经济专业班学生，80人，中专，学制4年。

秋后，学校改为北京农业劳动大学，农业经济教研室改为农业经济系，杜兴华任系负责人，教师7人，行政人员2人。

1965年

春季，招收学生30人，大专。

3~11月，全体学生在史各庄参加生产劳动，为了便于与史各庄大队协调，杜兴华兼任史各庄大队副大队长。

6月，王秀峰调任系主任和党支部书记。

1966年

3月，恢复正常教学秩序。

6月，"文化大革命"开始。

1968年

大专生到部队锻炼，中专生按"社来社去"回自己所在的农村。

1969年

全体教职工和干部下放京郊区县，北京农业劳动大学的历史使命结束。

1978年

12月28日，恢复北京农业劳动大学，更名为北京农学院。

8月，北京农学院招收本科生。

成立农业经济系，詹远一任系副主任，主持工作，共有教师9人。
夏季，招收第一届农业经济本科生8041班，41人。

正式成立系党总支，杜兴华任系党总支副书记，全系设有一个农业经济教研室。

教师队伍扩大，分为农业经济、区划统计会计2个教研室，赵淑敏和胡星池分任2个教研室主任。

1月，杜兴华副书记调出。

组织首届本科毕业班学生实习，全系教师除有课留校外，几乎全部随同80级学生，分赴上海市嘉定县和北京市昌平县的山区和平原开展家庭承包经营的专题调研。并撰写了《昌平县农业生产责任制的演变与发展》的教学实践总结，受到昌平县政府的好评。

招收京郊区县后备干部大专班。分83401甲班和83401乙班。

首届本科生毕业。

10月，詹远一任系主任，王明贤任系党总支书记，宋启沧任系党总支副书记。

农业经济专业停招一年。

农业经济系与中国农业工程设计院土地室，共同承接了农牧渔业部土地管理局的课题——"县级土地评价方法研究"，胡星池老师主持其中的分课题——"大城市郊区土地经济评价方法及指标体系的研究"。陈长思、邓蓉和宋启沧参加，这是农业经济系建系以来，第一次承接国家级的课题。

带领学生到北京市郊区实习，展开专题调查。

11月，杜兴华任农业经济系副主任。

1986年

9月，宋启沧任系党总支书记，胡星池任系副主任。

胡星池被评为北京市高教系统的教书育人先进工作者。

1987年

农业经济系下设农业经济、经济管理、统计会计、外国经济4个教研室。

与北京市农村合作经济经营管理站和朝阳区农村合作经济经营管理站合作，举办农村会计师班，实行函授和短期培训相结合，2年招收学员882人。

7月，詹远一系主任退休，杜兴华任系主任，宋启沧任系党总支书记，沈文华任系党总支副书记，胡星池任系副主任。

与天津农学院合作办学，优势互补，互相培养学生（为其培养了经营管理专业学生）。

12月，杜兴华、王邻孟和詹远一去"三西"地区考察。

1988年

与顺义县委、北京市畜牧局合作，举办专业证书班，2年多共招生354人。

受国务院贫困地区经济开发领导小组"三西"地区经济开发办公室委托，举办"三西"地区乡镇干部培训班，实行领导报告、教师讲课、参观考察、经验介绍和总结交流相结合的教学方式，历年共计培训2 770人。

1989年

继续举办"三西"地区乡镇干部培训班，考察"三西"地区。

作为国家教育委员会5所支援西藏院校之一，协助西藏大学办学，培养1名青年教师并捐赠图书。

"加强实践教学，培养学生独立工作能力"的教学实践总结，获1989年北京市高教局优秀教学成果奖。

杜兴华、詹远一和胡星池获北京市高教局优秀教学成果奖及北京农学院优秀教学成果奖一等奖。

9月，杜兴华获国家教育委员会、农业部、林业部联合颁发的部级支农扶贫和为农业生产服务先进个人奖。"加强实践教学，培养学生独立工作能力"获1988年北京农学院首届优秀教学成果奖一等奖并推荐农业部参评。

1990年

举办吕梁地区乡镇干部培训班，与"三西"地区乡镇干部培训班一起培训，为办好培训，赴甘肃、宁夏考察。

农业经济系改为农村经济系。

1991年

考察"三西"地区培训后的变化，在有培训任务的五院校会议上对培训经验做重点介绍，北京电视台一套《今日京华》中播放纪录片。

从1991年招收的新生开始，在高年级分为管理和金融2个专业方向。

北京农学院农村经济系作为第一完成单位，王邻孟主持的课题"城镇地籍整理的研究——小城镇地籍调查方法研究"获国家土地管理局1990年度科技进步奖三等奖（1991年6月7日《中国土地报》公布）

1992年

农业经济管理专业分别按管理和金融2个专业方向设置和讲授课程。

1993年

成立了经济文秘专业（专科），并招收自费生38人。

开设经济管理辅修专业，讲授辅修课，于1993年10月开始招生。

正式制订管理和金融2个专业方向的教学计划，同时确定理科班学生为管理专业方向，文科班学生为金融专业方向。

付一江获北京市高等学校优秀青年骨干教师。

"河北省魏县县土地利用总体规划"获国家土地管理局科技进步奖三等奖（王邻孟为第二主持人）。

王邻孟、王伟带领9041班部分学生开展北京市房山区基准地价评估。

1994年

农村经济系改为经济贸易系，设置企业管理（本科）和贸易经济（专科）2个专业。申报设置会计学专业。经批准，分别在3个专业招收3个自费班，涉及福建、山西两省，在山西、福建共招收学生70人。

辅修专业全面实行学分制，建立了更为完善的辅修专业管理办法。有60多名辅修专业学生在老师指导下完成论文写作，并获得毕业文凭。

受北京市农村工作委员会委托，与培训部合作举办了一期市场营销人员岗位培训班。

7月，王伟任系主任，沈文华任系副主任，宋启沧任系党总支书记，胡宝贵任系党总支副书记。按照总的聘任原则和学校的安排，组织实施了全系教师聘任。

1995年

申报的会计学专业（大专）获得批准，计划在1996年开始招生。经济贸易系已从单一的农业经济管理专业发展成为由农业经济管理（含统计会计、金融税收2个方向）、企业管理、经济文秘、贸易经济和会计学等多专业组成的综合系。经济贸易系系主任王伟升任北京农学院副院长。

辅修专业在不断完善学分制的基础上，陆续推出较为成熟的课程体系，已开设17门课程，参加选修的学生已达2 200多人次。使广大非经济管理专业的学生在完成主修专业的同时，掌握了比较系统的经济管理知识，并拓宽了就业渠道。

经济贸易系的学生在校人数为全校第一，共有324人。其中，本科202人，专科122人。

杜兴华主编的《农村经济学》、胡锡骥主编的《农经专业英语》获学校第一届优秀教材奖一等奖，詹远一主编的《农业企业经营管理学》《农村企业经营成功之路》分别获二等奖和鼓励奖。《农村经济学》被推荐参加农业部优秀教材评选。

1996年

9月，会计学专业专科第一年招生。

江占民被任命为系主任。

李兴稼主持的"京郊农民进入市场途径"课题获北京市第四届哲学社会科学优秀成果奖二等奖。

1997年

本年度的中心工作是迎评促建，组建了以江占民、宋启沧为组长，以沈文华、胡宝贵为副组长的迎评工作领导小组，并组建了以黄漫红为主任的迎评工作办公室。

完成了教研室的调整和综合实验室的建设。会计模拟室建立，电化教学条件日益完善。教学方法和考试方法大有改进（电化教学、案例教学、口试、笔试、撰写论文）。

主抓以"七个一"工程为主要内容的课程建设，提出了以"勤、严、博"为主要内容的三字学风。

10.5 ~ 21日，系党总支书记宋启沧与学校领导一道出访英国哈帕•亚当斯农学院开展校际合作学术交流。

沈文华被授予"优秀工会积极分子"称号。

1998年

接受并通过教育部对学院的合格评估，经济贸易系完成了评建材料的整理和归档工作，完成了学校党委宣传部交给的评价光盘的研制、刻录任务，受到专家和院领导的一致好评。

课程建设和"七个一"工程取得新成果。会计学和专业英语被评为院级优秀课程。"七个一"工程的做法受到教育部教学评价专家的好评。

完成了贸易经济专业专科升本科的申报工作，完成了农林经济管理专业恢复申报工作，企业管理专业更名为工商管理专业，完成了该专业教学计划的修订和课程整理工作。完成了农业经济系-经济贸易系按年度历史办学情况汇编工作。

李兴稼老师与园林系师生完成了通州区宋庄镇现代科技园区的规划。

完成了丰台区卢沟桥乡教学实践基地挂牌任务。

接待了澳大利亚悉尼大学奥伦吉农学院学者的来访，举办了系列学术活动，请澳大利亚学者为老师做了学术演讲，为学生的专业外语课做了专业外语口语交流，带领来访客人到京郊农村进行了参观访问。

接待了我国台湾大学教授来访，为系老师做了台湾农业经济方面的专题报告会，接待了台湾商业专科学校教授，为老师和同学分别做了国际进出口贸易的专题报告。

隋文香被评为"北京市高等学校优秀青年骨干教师"。

1999年

完成了农业经济管理专业恢复招生和改造工作，使之更具都市特点。完成了企业管理专业改造与更新工作，成为工商管理专业。完成了会计学专业改造和专升本工作。

对实验室进行了改造和提高，计算机由17台增加到24台。在计算机网络的软硬件建设方面取得新的进展，原有的486计算机与后配置的586计算机完成了网络连接，通过自制服务器形成资源共享。

与澳大利亚悉尼Orange农学院的学术交流有了进展。8月，学校安排杨静、邓蓉等老师赴澳大利亚访问，开始了两校之间定期的科研、学术交流，增进了两校之间的联系和友谊。

李兴稼、沈文华主持的"京郊农村经济发展中所有制结构的研究"课题获农业普查课题成果奖三等奖。

学生是大系，教师是小系，全系有学生467人，而在编教师、教辅人员以及脱产行政人员一共只有22人，师生比达到1：21.2。

2000年

停止专科招生。

春季，开始进行春季本科招生，恢复农村经济管理本科专业招生。

第一届会计专业本科招生。

2001年

围绕学分制开展4个专业新的教学计划的制订和修改。

新的领导班子和学科带头人产生，隋文香任系党总支书记，沈文华任系主任，李瑞芬任系副主任，江占民任农业经济管理学科带头人，李兴稼任工商管理专业带头人。

会计学重点课程在学院第一个设计制作了多媒体教学光盘。

经济贸易系新建了可供2个班同时上机上网的、比较先进的网络化计算机室，新建了能满足多方面教学功能的多媒体摄影教室、2个会计模拟实验室。

春季，国际经济与贸易本科专业开始招生。

开始农业经济管理硕士点的申报准备工作。

主办了2001年度北京市农业经济管理学术研讨会。

2002年

圆满完成北京农学院与澳大利亚悉尼大学Orange农学院师生的首次互访。

完成农业经济管理硕士点的申报准备工作。

成功地完成了学校对教学单位的合格评估。

与用友软件公司合作，共建ERP实验室，建立用友资格认证授权中心，签定3项合作协议。

2003年

春夏之交，面对北京市突然发生的SARS疫情，带领全系师生出色地完成了各项防控工作，安全抵御了疫情的侵袭。

学校被授予硕士单位授予权，农业经济管理硕士点未获批准。

陈跃雪、刘瑞涵获北京市优秀人才专项培养经费资助。2002—2003年度科研经费突破30万元。

秋季，市场营销本科专业开始招生。

5名教师获得公派出国的资格和机会，其中3人分别赴澳大利亚和英国参加交流与访问。

邀请了悉尼大学农业经济系系主任来华访问，悉尼大学邀请李兴稼于2004年2月出访悉尼大学，参加在墨尔本召开的奶制品消费国际学术研讨会，并在该会议上宣读论文。

邓蓉的专著《中国肉禽产业发展研究》，实现经济贸易系个人专著零的突破。

获得了实验室建设款项180万元。

经济贸易系36名会计学本科毕业生，通过严格考试获得用友财务管理应用专家首批资格认证。

2004年

顺利完成了教育部对学院办学水平评估的各项工作。

7月，学院进行了三年一度的考核聘任工作，经济贸易系组成新的领导班子。李华任系党总支书记，陈跃雪为系主任，杨为民、刘柳任系副主任。完成考核聘任和岗位津贴分配工作。晋升教授1人，晋升高级实验师2人，晋升讲师4人。

2003—2004年度科研项目明显增多，各级各类科研课题总共27项，科研经费达37.89万元。

工商管理本科专业增设了电子商务方向。

完成了"经济贸易系教学质量管理体系"的建设工作。组织了对各门课程教学大纲的修订工作。

经党总支研究并上报学校组织部批准，教工支部由1个增加到2个，学生支部由2个扩大到4个，并完成了新支部书记、委员的选举。

与10家单位合作，分别签署了可操作、可持续的教学科研学生实习基地协议，并于12月8日举行了赠牌仪式。

2005年

农业经济管理学科获得二级硕士授予权。这是学校社会科学第一个获得二级硕士点硕士授予权的学科，标志着经济贸易系办学层次又有新的提高。

2004—2005年度科研经费又有新的增长，在研科研项目经费突破了60万元。

李华、王伟等、刘瑞涵分别出版了《中国农村人力资源开发理论与实践》、《全面建设小康与中国农村发展》、《北京市出口蔬菜现状与对策研究》3部专著，是经济贸易系出版专著最多的一年。

顺利完成了保持共产党员先进性教育活动工作。

顺利完成了系党总支换届工作，李华任系党总支书记，刘柳任系党总支副书记，李华、刘柳、陈跃雪、沈文华和张志强任委员。

完成了经济贸易系"十一五"学科和专业发展规划。

积极准备硕士点的申报材料，并完成了论证工作，科研经费有了显著增长。

李华分获中央精神文明建设指导委员会办公室、中央宣传部等14部委联合授予"三下乡先进个人"、中国农学会授予的"全国农业科普先进工作者"称号和北京市科学技术协会授予的"科技下乡优秀专家"称号，并获北京市科技进步奖二等奖、三等奖各1项，刘瑞涵获北京市科技进步奖二等奖1项。

李华作为中国农学会代表团领队出访韩国，参加韩国农业科学年会和食品学会年会，访问首尔4所大学和农业振兴厅、食品研究院和新村运动总部；张宁赴克罗地亚进修1年。

经济贸易系发起组织了北京市涉农高校经济管理学院和农村发展学院班子联席会议，中国人民大学农业与农村发展学院、中国农业大学经济管理学院和北京林业大学经济管理学院、外外经济贸易大学研究生部5个单位参加。

招生12个本科班，创造本科生招生最多纪录。

2006年

北京农学院举行建校50周年大庆，出版了纪念建校50周年的论文集、大事记和纪念画册等。

北京农学院参加北京市运动会及承办北京市第44届高校运动会，经济贸易系承担组织任务，并获北京市第44届高校运动会最佳组织奖。

陈跃雪、李瑞芬获北京市社会科学基金项目资助，这是经济贸易系首次获得此项资助。

经济贸易系2005—2006年度到位科研经费突破90万元，平均每位教师科研经费超过2万元，在研经费接近200万元。

制订"十一五"本系学科、专业、师资等规划。

农业经济管理硕士点获得批准。

李华主持的北京市科学技术协会重点课题——"北京市农村科普示范基地现状与对策研究"项目获2005年度北京市科学技术协会系统调研奖二等奖，并推荐参与中国科学技术协会评奖。

陈跃雪、周云到英国哈珀·亚当斯大学Orange农学院进修交流；李华作为副团长参加中国科学技术协会组织的中国农业科普代表团出访澳大利亚、新西兰。

2006年，本科招生11个班，在校生达到42个班，接近1 300人，创本科生在校生人数新高。

2007年

组织中青年教师讲课比赛，5位教师参赛，推荐周云和张子睿参加学校中青年教师教学竞赛，周云在学校教学大赛中获三等奖。

孙佳星、范方和徐　凡在第三届全国大学生电子商务大赛决赛中获优秀奖。

完成领导班子换届，李华任系党总支书记，何忠伟任系主任，刘芳和刘柳任系副主任。

完成2007级5个专业7个方向的本科生培养方案制订。

农业经济管理硕士点招收第一批学术型研究生2人，正式启动研究生教育。

年度新增科研课题29项，新增合同经费126.5万元，新增到账经费93.2万元。

何忠伟、李华以"北京科教兴村理论与实践"获北京市科技进步奖三等奖。

何忠伟获2007年度中国商业联合会科技进步奖一等奖。

何忠伟获2007年北京市平谷区科技进步奖三等奖。

王月获中共北京市委教育工作委员会、市教育委员会"北京高校奥运会、残奥会筹办工作先进个人"称号。

张子睿获北京创造学会2007年青年科技论文演讲比赛一等奖。

刘柳被评为北京农学院优秀共产党员。

李华被评为北京农学院优秀党务工作者。

夏龙获北京农学院2007年毕业生就业工作突出贡献奖。

杨静、张子睿、曹暕、王艳霞和王月在2006—2007学年度教职工考核中被评为优秀。

经济贸易系党总支获北京农学院先进党总支。

2008年

3月，由经济贸易系更名为经济管理系。12月，由经济管理系更名为经济管理学院（二级学院）。

加强特色专业建设，农林经济管理专业被遴选为北京市特色专业。

校外实习基地——用友软件园有限公司被学校评为优秀教学实习基地。

获得3项实验室建设专项，经费达285.5万元。实验室建设取得成效，筹建了金融与期货模拟实验室。

组织"第一届北农大学生创业杯ERP沙盘对抗赛"，开创了体验式教学新模式。学校100多名学生参加比赛，并组队参加了全国的ERP沙盘对抗赛。

完成全国会计专业教学评估。

展开2009年农业推广硕士首次招生工作。

新增科研课题39项，新增合同经费119.9万元，新增到账经费105.3万元，到账经费首次突破百万元。

出版学术专著11部、发表学术论文76篇，其中一级期刊论文6篇。

农业经济管理硕士点招收学生10名，研究生教育日益规范。

成功举办"2008年中国农业技术经济研究会学术研讨会"，全国52个高校及科研院所的176名代表参加会议。

何忠伟参与的"都市型高等农业院校人才培养的创新与实践"获得北京市教育教学成果奖一等奖。

何忠伟参与的"高效农业园带动北京农业机构调整与增加农民收入的模式研究"获北京市科技进步奖（社会科学类）三等奖。

何忠伟参与的《中国农业补贴政策效果与体系研究》获北京市第十届哲学社会科学优秀成果奖管理学二等奖。

李华被授予"北京高校优秀党务工作者"。

张志强获北京农学院优秀共产党员称号。

邓蓉、李佰杰被评为"三育人"先进工作者。

王月、刘柳和邬津被评为北京农学院奥运会、残奥会志愿服务工作先进个人。

王月被评为北京市奥运会、残奥会志愿者先进个人。

王月被评为北京高校2008年优秀辅导员。

吴春霞被评为北京农学院2008年优秀班主任。

李瑞芬、夏龙、周云和王雪坤在2007—2008学年度教职工考核中被评为优秀。

刘柳、夏龙获北京农学院2008年毕业生就业工作突出贡献奖。

2009年

学生培养方案经过几轮修订，初步实现了理论教学模块化、专业教学特色化、实践教学体系化，首次将跨专业综合实训列入教学计划。

获得校级重点教学改革课题1项、一般课题2项和自筹项目9项。

组织实施了"特色农经行动计划"，13个调研小组赴京郊调研。

组织"第一届兴业杯股票模拟大赛"，学校170多名学生参加。

组织了"第二届北农大学生创业杯ERP沙盘对抗赛"。

启动科技创新团队建设工程，组建5支团队，20多名老师参加。

年度在研科研课题31项，其中首次获得教育部重点项目1项，首次获得北京市哲学社会科学规划重点项目1项，农业部软科学项目2项，北京市自然科学基金项目1项，国外合作课题1项。新增合同经费108.5万元，新增到账经费112.8万元。

出版学术著作38部。发表学术论文83篇，其中CSSCI期刊论文13篇，核心期刊20篇。

研究生教育多元化，农业经济管理硕士点招收学生14人，首次招收农业推广硕士园艺产业经济专业硕士12人。

评出194名学生获奖学金，其中特等奖学金7人，一等奖学金31人，二等奖学金58人，三等奖学金98人；有12名学生获得校级三好学生，51名学生获得院级三好学生荣誉称号。

206462班获市级优秀班集体荣誉称号。

学院"农林经济管理教学团队"被评为北京市优秀教学团队。

学院学生获"用友杯第五届全国大学生创业设计暨沙盘模拟经营大赛北京地区总决赛"优秀奖。

学院获北京市昌平区"晨光杯"青年创业大赛银奖。

学院实习基地——北京零点调查公司被评为校级优秀教学实习基地。

李华获得北京市科学技术普及工作先进个人，授予2008年度"京郊农村经济发展"十佳科技工作者光荣称号。

学院5门课程被评为校级优秀课程。

郭爱云被评为2009年度首都高校社会实践先进工作者。

张志强获北京农学院优秀共产党员称号。

杨静、李佰杰、吴春霞和许大德在2008—2009学年度教职工考核中被评为优秀。

陈娆获北京农学院2009年度青年教师教学比赛一等奖。

夏龙获北京农学院2009年度青年教师教学比赛二等奖。

何忠伟、许大德获北京农学院2009年毕业生就业工作突出贡献奖。

2010年

学院全面修订了实习教学大纲，调整更新实践教学内容，实现实践教学体系化的目标，初步搭建起了"六位一体"的实践教学体系。创造性地实现了跨专业综合实训，初步实现了跨专业综合实训的实践教学模式。启动了"现代服务业综合实训平台""会计专业综合实训平台"和"特色农经行动计划"的建设。

农林经济管理专业被评为国家级特色专业，国际经济与贸易专业、会计学专业被评为校级特色专业。

4项教改课题获得2010年校级教改课题立项。其中，校级重点教改课题1项，校级一般教改课题2项，校院共建教改课题1项。

组织了第三届"北农创业杯"ERP沙盘对抗赛、第二届"北农兴业杯"股票模拟大赛、第三届Simmarketing市场营销策划大赛，并组织2期"现代服务业实训"。

组织2009级申报"大学生科学实验与创业行动计划"55项，组成调研团队63个。

科研到账经费163万元，同比增长45%。何忠伟获得国家社会科学基金一般项目资助，刘芳获得国家自然科学基金面上项目资助，实现了学校人文社会科学领域国家级项目的双突破。何忠伟等获得北京市第十一届哲学社会科学优秀成果奖管理学二等奖。

学院教师共发表文章69篇，其中发表于CSSCI收录期刊11篇，国家核心期刊25篇，被ISTP收录4篇，被ISTP和ISSHP同时收录3篇。出版著作18部，其中21世纪系列规划教材1部，"十一五"规划教材1部，"十一五"重点规划出版物1部。

研究生规模日益扩大，在校生规模达到64人。招收了学术型研究生12人，全日制专业学位研究生17人（其中园艺产业经济12人，食品产业经济5人）。

农业推广硕士（农村与区域发展专业方向）学位点获批。

通过综合测评共评选出获得奖学金的学生188人，其中特等奖学金10人，一等奖学金30人，二等奖学金55人，三等奖学金93人；有11名同学获得了校级三好学生称号。207442班、207451班、207452班3个班级荣获校级先进班集体称号。国家奖学金3人，国家励志奖学金62人，国家一等助学金116人，国家二等助学金185人。

与英国诺桑比亚大学签署了"3+1"交换生项目的合作备忘录，并开始了第一批留学生的选拔和培养工作。

经济管理学院教职工之家被评为北京农学院优秀教职工之家。

学院获得ACI中国区高校第二届国际商务谈判大赛团体二等奖。

学院学生第二党支部获得2010年北京高校红色"1+1"示范活动鼓励奖。

学院京郊农村对大学生"村官"需求状况的社会实践调查团队和黑白河流域经济绿色发展团队获得2010年度首都高校社会实践优秀团队。

学院获得北京农学院2010年度就业先进集体。

学院获得北京农学院2010年度安全稳定工作先进集体。

何忠伟、刘芳获国家级科研项目立项人员奖。

吕晓英获"第七届中国国际贸易与投资论坛"论文二等奖。

刘芳获2010年度首都高校社会实践先进工作者称号。

何忠伟被评为2008—2010年度北京农学院"教书育人"标兵。

杨静、王艳霞被评为2008—2010年度北京农学院"三育人"先进工作者。

李瑞芬被评为2010年北京农学院育人标兵。

李佰杰被评为北京农学院2010年就业工作突出贡献教师。

刘柳、邬津被评为北京农学院2010年就业工作先进个人。

李华、何忠伟和王艳霞被评为北京农学院2010年度安全稳定工作先进个人。

李瑞芬、刘瑞涵、曹暕、刘静琳和邬津在2010年度教职工考核中评为优秀。

何忠伟在2010年度处级干部考核中评为优秀。

2011年

完成领导班子换届，何忠伟任党总支书记，李华任院长，刘芳、赵连静和赵金芳任副院长。

全面贯策落实"3+1"人才培养模式的内涵，完成经济管理学院5个专业2011年度培养方案的制订。

2011年获得7项校级教改课题，其中重点1项，一般6项；教改成果显著，2011年出版教改论文集1部。

举办第四届"北农创业杯"ERP沙盘模拟大赛、第三届"北农兴业杯"股票模拟大赛、第四届校内营销实战模拟对抗赛。

组织经济管理学院青年教师教学竞赛，5位教师参加比赛，推选李嘉参加了校级教学竞赛，并获得第三名的好成绩。

科研到账经费295万元，跃居全校第三位。李华入选现代农业产业技术体系北京市家禽创新团队，担任产业经济岗位专家。这是学校第一次有专家担任产业技术体系创新团队职务。何忠伟获北京市科学技术奖一等奖。

研究生培养层次增多，首次实现农村与区域发展专业全日制和在职研究生招生，在校生规模突破100人，提前达到"十二五"规划目标。其中，招收学术型研究生12人，全日制专业学位研究生38人，在职研究生25人。

学院教师共发表文章67篇，其中发表于CSSCI收录期刊3篇，发表于国家核心期刊5篇，被ISTP收录4篇。出版著作27部，其中"十二五"规划教材1部。学院第一次获得教育部新世纪优秀人才1项（何忠伟）；获得2011年北京市科技进步奖三等奖1项；获得北京市"精神文明奖"1项；获得北京市高校教育先锋先进个人1项和北京市高校优秀共产党员1项。

177名同学获得了学校优秀学生奖学金。其中，获得国家奖学金3人，获得特等奖学金10人，获得一等奖学金28人，获得二等奖学金51人，获得三等奖学金88人，荣获校级三好学生称号10人，荣获院级三好学生称号46人；210442班、209442班、209411班3个班级荣获校级先进班集体。并对考取2011年研究生的26名同学进行表彰。

在北京市第二届"化学与生活"竞赛中，经济管理学院学生李敏获得一等奖；北京市大学生英语演讲比赛中，杨哲熙获得三等奖；第六届"挑战杯"首都大学生创业计划竞赛中，石爱华获得铜奖。

学院社区支持农业模式暨小毛驴市民农园调查团被评为2011年度首都高校社会实践优秀

团队。

学院党总支被评为北京农学院先进基层党组织。

经济管理学院教工第一党支部被评为2009—2011年北京农学院党的建设和思想政治工作优秀成果奖二等奖。

学院教工党支部在北京农学院"双百对接"活动中，2个项目获二等奖，3个项目获三等奖。

学院5个专业被评为北京农学院2011年度就业工作先进专业。

学院被评为北京农学院2011年度就业工作先进集体。

李华荣获首都精神文明建设奖。

何忠伟被评为北京市高校教育先锋先进个人。

何忠伟被评为北京市高校优秀共产党员。

骆金娜获2011年度首都高校社会实践先进工作者称号。

刘芳主编的《农村统计与调查》教材获得2011年北京高等教育精品教材。

李瑞芬主编的《会计学原理》获得2011年全国高等农林院校优秀教材奖。

沈文华、刘芳创作的统计学网络课程荣获北京市属高校多媒体教育软件大奖赛课程二等奖。

李佰杰的人民币鉴赏与收藏网络课程获得2011年度北京市属高校"创想杯"多媒体教育软件大奖赛三等奖。

何忠伟主编的《西方经济学（上、下）》入选首批农业部"十二五"规划教材选题目录。

隋文香荣获北京农学院优秀共产党员称号。

刘柳荣获校优秀党务工作者称号。

刘自强、齐天磊、王琛、于雪松荣获校优秀学生党员称号。

李佰杰被评为北京农学院2011年度就业工作突出贡献教师。

刘芳被评为北京农学院2011年度就业工作先进个人。

李国政、陈娆被评为北京农学院2011年度安全稳定工作先进个人。

陈娆、邓蓉、李玉红和王兆洋在2011年度教职工考核中被评为优秀。

2012年

完成了北京农学院高等教育教学成果奖申报的组织和单位推荐工作，最终获校级一等奖1项（都市型高等农业院校经管类专业立体人才培养改革与实践），二等奖励3项（特色农经行动计划：都市型农林经济管理专业人才培养与创新、经管类本科生跨专业综合实训体系建设与实践、农村公共管理课程建设与实践），三等奖1项（会计学综合实训改革与实践）。

获得北京市高等教育教学奖二等奖1项（特色农经行动计划：都市型农林经济管理专业人才培养与创新）。

科研到账经费达到580万元；胡向东获得国家自然科学基金青年项目资助；刘芳、刘瑞涵、史亚军和胡宝贵4人入选现代农业产业技术体系北京市创新团队。

接待了澳大利亚昆士兰大学副校长一行、联邦德国农业林业渔业研究院研究员和英国诺桑比亚大学"3+1"合作项目负责人。

学生获得市级"挑战杯"创业竞赛"铜奖"1项，校级一等奖1项，二等奖3项，三等奖2项。

经济管理学院获得POCIB全国大学生外贸从业能力大赛团体优秀奖。

经济管理学院"赴密云探访最美乡村——蔡家洼暑期社会实践团队"获得2012年度首都高校社会社会实践优秀团队称号。

学院会计系教师党支部被评为北京农学院2010—2012年"创先争优"先进基层党组织。

学院被评为北京农学院2012年科研管理先进单位。

学院被评为北京农学院2012年服务基层先进单位。

学院被评为北京农学院2012年离退休工作先进集体。

学院党总支农林经济本科生党支部被评为北京农学院先进学生党支部。

邓蓉获得第八届北京市高等学校教学名师奖，这是学校首次获得名师奖。

何忠伟获得北京市师德先进个人称号。

李华"中首3号苜蓿新品种选育及推广应用"获得北京市科学技术奖三等奖。

李华获得中国农村专业技术协会优秀工作者称号。

赵金芳被评为2011—2012年度北京市高校优秀辅导员。

何伟、杨静获得POCIB全国大学生外贸从业能力大赛指导老师优秀奖。

李佰杰制作的人民币的鉴赏与收藏网络课程，获得北京市属高校"创想杯"多媒体教育软件大奖赛三等奖。

王艳霞被评为北京农学院"创先争优"优秀共产党员。

刘芳、胡向东被评为北京农学院科研工作先进个人。

田淑敏、李国政和夏龙被评为2010—2012年度"三育人"先进工作者。

桂琳被评为北京农学院2012年招生先进个人。

赵连静被评为2012年就业工作突出贡献教师。

刘芳、史亚军评为2012年就业工作突出贡献导师。

李瑞芬、刘瑞涵、曹暕、刘静琳和邬津在2012年度教职工考核中被评为优秀。

何忠伟在2012年度处级干部考核中被评为优秀。

王薇、周云被评为北京农学院2012年度维护安全稳定工作先进个人。

邓蓉被评为北京农学院离退休工作先进个人。

李兴稼被评为北京农学院离退休人员先进个人。

2013年

学院教师获得教学奖励60多项。

完成2012年大学生科研行动计划45个项目的执行、验收和报告的初审、复审、评优工作。

最终评选出优秀报告9份，获学校一等奖1项，二等奖3项，三等奖4项。学院筛选优秀调研报告30多篇结集成《农林院校经管类大学生科研探索（2）》由中国农业出版社出版。

科研到账经费突破800万元，位居全校第三位。国家级项目数量有新突破：何忠伟获得国家自然科学基金项目资助，邓蓉获得国家社会科学基金一般项目资助，吕晓英获得国家社会科学基金青年项目资助。何忠伟等荣获北京市科技进步奖二等奖，刘芳获得商务部发展成果奖专著优秀奖。

2013年共有824名学生参加测评，评出特等奖学金获得者7人，一等奖学金26人，二等奖学金51人，三等奖学金83人；校级三好学生7人，大北农奖学金5名。201120442班、201220442班、201220432班3个班荣获校级"优秀班集体"称号。评定励志奖学金获得者43人，一等助学金和二等助学金267人。

丁文涛荣获首届北京市大学生书法大赛三等奖。在2013年全国大学生英语竞赛中，郭卉、张立楠获二等奖，谭聚、李硕获三等奖，杨洋、谢亚、王大欣获优秀奖。在首届全国大学生环保科技大赛中，屈智伟小组获得科技理念类优秀奖，程杰鑫获得科技实物类优秀奖。获得2013年POCIB全国大学生外贸从业能力大赛团体赛三等奖，5人获得个人三等奖，何伟、夏龙2名教师获得指导教师三等奖。获得全国大学生市场调查分析大赛总决赛最佳组织奖，8名同学获得三等奖。获得两岸三地高校品牌策划大赛"最佳院校组织奖"，5名同学获得一等奖。

学院农林经济管理系党支部以"特色农经行动计划"获2013年北京高校基层党支部活动创新案例奖三等奖。

学院被评为2013年度北京农学院维护安全稳定暨"平安校园"创建工作先进单位。

学院党总支被评为北京高校学习型党组织建设示范点。

学院经济贸易系教师党支部被评为北京农学院先进基层党组织。

学院党总支被评为北京农学院建设学习型党组织工作示范点。

学院党总支"行色农经行动计划"和"营销我和你计划"被评为北京农学院建设学习型党组织工作品牌活动。

学院被评为2013年北京农学院就业工作先进单位和就业工作进步单位。

学院被评为2013年北京农学院服务基层先进单位。

学院被评为2013年北京农学院招生工作（本科及研究生）先进集体。

何忠伟被评为第七届首都民族团结进步先进个人。

何忠伟入选享受国务院特殊津贴专家。

邓蓉被评为北京市优秀教师。

赵连静入选青年拔尖人才计划。

黄映晖入围全国大学生市场调查与分析大赛总决赛。

刘瑞涵被评为2013年北京农学院优秀共产党员。

刘芳被评为2013年北京农学院优秀党务工作者。

何忠伟、李华、赵金芳和胡向东被评为2013年度北京农学院维护安全稳定暨"平安校园"创建工作先进个人。

许大德被评为2013年北京农学院就业工作突出贡献教师；李华、陈娆被评为就业工作突出贡献导师；何忠伟、骆金娜、胡向东和黄雷被评为就业工作优秀工作者。

李华获得2013年北京农学院大北农奖教金一等奖，李瑞芬和李国政获二等奖。

王兆洋被评为2013年北京农学院招生工作先进个人。

刘芳被评为2013年北京农学院研究生招生工作先进个人，何忠伟被评为研究生招生工作突出贡献导师。

胡向东被评为北京农学院身边雷锋。

刘芳被评为2013年北京农学院暑期社会实践优秀指导教师。

刘芳荣获北京高校毕业生就业工作就业贡献奖。

史亚军、赵海燕、黄玉梅和王艳霞在2013年度北京农学院教职工考核中被评为优秀。

2014年

教学工作成绩显著：卓越农林经管人才培养模式改革取得重要进展，获得教育部高等学校农业经济管理类专业教学指导委员会教学成果奖一等奖、二等奖各1项，教改课题部级立项2项、市级1项；申报校级以上教学奖励77项。

学生就业工作取得重大突破：签约率和就业率第一次进入学校前三名；大学英语四、六级考试一次通过率全校第一；考研率也比2013年提高3个百分点，达到14%（含出国研究生）。

科研经费突破900万元，位居全校第三位；刘芳获得国家自然科学基金面上项目资助；何忠伟等获得第十三届哲学社会科学优秀成果奖管理学二等奖。胡宝贵等获得环境保护部科技奖二等奖。新农村研究基地完成百万字的都市型现代农业专著。学院获得学校科技管理奖二等奖。

师资队伍显著加强，博士占教师总数65%，高级职称达到75%以上。引进教师5人，其中，博士、博士后3人，辅导员2人（含借调1人）；学院有6名教师晋升高级职称，其中，教授2人，副教授4人（含低职高聘1人）。

在校研究生规模突破200人，达到204人。在职研究生招生数量和培养模式有新突破，在职研究生录取81人，且实现了与北京林业大学联合异地培养在职研究生模式的新探索。

外事工作深入开展：英国诺桑比亚大学"3+1"本科双学位项目深入开展，为两校的深入合作奠定基础；并第一次与哈珀·亚当斯大学合作培养脱产学术研究生，为经济管理学院全脱产研究生培养提升国际视野创造条件。

在社会服务中发挥了先锋作用：学院作为发起单位之一，发起成立中国休闲农业产业和乡村旅游联盟。史亚军被评为中国休闲农业产业发展十大人物之一，李华被评为专家委员会副主任。

丰富学院文化：在学校支持下，投资15万元对全部经管楼进行内部环境建设，建立了学院办学宗旨墙、大师墙、教授墙、优秀校友墙、院史墙和组织结构管理图等。

学院教职工之家被评为北京市教育工会先进职工小家。

<h2 style="text-align:center">2015年</h2>

组织开展学院第四届青年教师教学基本功大赛，推荐倪冬梅参加学校教学基本功大赛并获得三等奖。2015年获得校级重点教改立项2项、一般项目2项。北京市实践教学示范中心申报工作有序推进。

组织申报各级科研项目41项，立项13项，到账经费1 074.198 7万元。其中，北京市社会科学基金2项，北京市教育委员会项目3项，北京市"菜篮子"工程4项，横向到账课题49项。6个大学生创业项目获得学校资助。发表论文57篇，出版著作9部。

接待日本札幌学院大学经济学部镜味秋平教授一行到学院开展学术交流。

学院被学校评为2015年退休工作先进集体。

陈娆被评为第十一届北京市高等学校教学名师。

邓蓉获2015年度"大北农奖教金"一等奖。

陈娆获2015年度"大北农奖教金"二等奖。

学院荣获学校"就业工作先进单位"称号。

郝明子、张晓荣获北京市第八届"挑战杯"首都大学生课外学术科技作品竞赛三等奖；段志颖、李立、王翌卿、佟心洁和肖明达的团队在全国高校精英挑战赛品牌策划竞赛中，荣获大陆区二等奖；在第十一届全国大学生"用友新道杯"沙盘模拟经营大赛上，王玉荣获市级一等奖；在第五届POCIB全国大学生外贸从业能力大赛，李思奇获得个人一等奖，20名学生获得团体三等奖。

在北京高校心理健康节"最强大脑"心理技能比赛中，北京农学院队获得团体赛第八名的好成绩。在个人赛中，学院大一学生白莉莎、贾天庸分别获得第一名和第四名的优异成绩。

北京农学院校歌

绿色的希望

北京农学院校歌（代）

李月红 词
禹永一 曲

天 涯 海 角　绿色是 永远的故 乡　啦 啦啦啦　啦 啦 啦　啦 啦啦啦
山 高 水 长　北农是 绿色的希 望

纵然是 天涯海角 绿色是 永远的故 乡　啦 啦啦啦 啦 啦 啦 啦 啦啦啦
纵然是 山高水长 北农是 绿色的希 望

啦 啦啦 啦啦啦啦 啦 啦啦 啦　　绿色啊 轻轻的 告诉 我 播撒心
绿色啊 轻轻的 告诉 我 追赶心

啦 啦啦 啦啦啦啦 啦 啦　　绿色啊 轻轻的 告诉 我 播撒心
绿色啊 轻轻的 告诉 我 追赶心

中的希 望　　追赶 心中的 太 阳
中的太 阳

中的希 望　　追赶 心中的 太 阳
中的太 阳

图书在版编目（CIP）数据

经管风采/胡宝贵，李华主编. —北京：中国农
业出版社，2016.9
ISBN 978-7-109-22195-6

Ⅰ．①经… Ⅱ．①胡… ②李… Ⅲ．①北京农学院经
济管理学院—校史 Ⅳ．①S-40

中国版本图书馆CIP数据核字（2016）第232815号

中国农业出版社出版
（北京市朝阳区麦子店街18号楼）
（邮政编码 100125）
责任编辑 冀 刚

中国农业出版社印刷厂印刷　新华书店北京发行所发行
2016年10月第1版　2016年10月北京第1次印刷

开本：889mm×1194mm 1/16　印张：11
字数：260千字
定价：100.00元
（凡本版图书出现印刷、装订错误，请向出版社发行部调换）